Rauschen in der Sensorik

Rolf Heilmann

Rauschen in der Sensorik

Prof. Dr. Rolf Heilmann
Hochschule München
München, Deutschland

ISBN 978-3-658-29213-3 ISBN 978-3-658-29214-0 (eBook)
https://doi.org/10.1007/978-3-658-29214-0

Die Deutsche Nationalbibliothek verzeichnet diese Publikation in der Deutschen Nationalbibliografie; detaillierte bibliografische Daten sind im Internet über http://dnb.d-nb.de abrufbar.

Planung/Lektorat: Reinhard Dapper
Springer Vieweg ist ein Imprint der eingetragenen Gesellschaft Springer Fachmedien Wiesbaden GmbH und ist ein Teil von Springer Nature.
Die Anschrift der Gesellschaft ist: Abraham-Lincoln-Str. 46, 65189 Wiesbaden, Germany

Vorwort

Die Stärke jedes elektrischen Stromes fluktuiert. Die Ursachen dafür liegen in zufällig ablaufenden Prozessen, denen die elektrischen Ladungsträger unterworfen sind. Werden diese Schwankungen verstärkt über einen Lautsprecher geführt, hört man ein Rauschen. Der aus dem Alltag bekannte Begriff wird deshalb auch verallgemeinernd für Fluktuationen physikalischer Größen verwendet.

Wer ein UKW-Radio auf eine Frequenz zwischen zwei Sendern stellt, hört starkes Rauschen, das zum allergrößten Teil von den elektronischen Bauteilen des Gerätes verursacht wird. Doch etwa ein Prozent stammt von der kosmischen Hintergrundstrahlung, die gewissermaßen als „Nachhall" des Urknalls vor 13,8 Mrd. Jahren betrachtet wird. Rauschen beschränkt sich also nicht nur auf akustische und elektrische Phänomene, sondern es ist im Prinzip in Natur und Technik allgegenwärtig – vom Anbeginn des Universums bis heute.

Im vorliegenden Buch wird das Rauschen in messtechnischen Prozessen betrachtet. Rauschen legt die Grenzen fest, bis zu denen sich Messsignale auswerten lassen. Sind die Signale zu klein, „gehen sie im Rauschen unter". Es gibt jedoch Methoden, die Quellen des Rauschens zu identifizieren, seine Stärke zu messen und zu reduzieren oder Messsignal und Rauschen von einander zu trennen. Diese Methoden werden im vorliegenden Büchlein zusammenfassend so dargestellt, dass nicht nur Studierende, sondern auch Praktiker die komplexe Welt der Rauschphänomene verstehen und damit Wege zur Verbesserung ihrer Messungen finden können. Viele Bücher oder zusammenfassende Arbeiten zum Thema sind aufgrund der atomphysikalischen Ursachen der Rauschprozesse und deren mathematisch-statistischer Behandlung theoretisch recht anspruchsvoll. In der vorliegenden Darstellung wird die theoretische Betrachtung der Sachverhalte nur soweit betrieben, wie es zum Verständnis der messtechnischen Konsequenzen notwendig ist. Kurze Beispielrechnungen dienen dazu, sich von den dargestellten Rauschphänomenen auch ein quantitatives Bild machen zu können.

Die Leistungsfähigkeit moderner Mikroprozessoren ist mittlerweile so groß, dass schon in einfachen elektronischen Messgeräten oder mit wenig Aufwand am PC Signale und Rauschen digital bearbeitet werden können (z. B. durch Mittelung, Filterung, Korrelation oder Fourier-Transformation), sodass sich aus verrauschten und gestörten Signalen die gewünschten Informationen leichter gewinnen lassen als dies noch vor einigen Jahren der Fall war. So ergeben sich für den Anwender neue Möglichkeiten, auf die im vorliegenden Buch hingewiesen wird.

Rolf Heilmann

Inhaltsverzeichnis

Kenngrößen des Rauschens 1

Aus verschiedenen Charakteristika des Rauschens lässt sich auf dessen Ursachen schließen. Deshalb werden zunächst einige Kenngrößen vorgestellt, mit der Rauschprozesse quantitativ zu fassen sind.

1.1 Amplitudencharakteristik

In der Abb. 1.1 ist das Grundprinzip der modernen Sensorik schematisch dargestellt. Eine nichtelektrische Messgröße $G(t)$ (z. B. Strahlungsleistung, Druck, Temperatur) wirkt auf einen Sensor. Dieser produziert einen Strom $i(G)$, der durch den Lastwiderstand R (Anzeige, Verstärker etc.) fließt.

Der Sensorstrom setzt sich aus einem Signal- und einen Rauschanteil zusammen (siehe Abb. 1.2a):

$$i(t) = i_{sig}(t) + i_n(t) \tag{1.1}$$

Der bei Rauschgrößen verwendete Index n stammt aus dem englischen noise = Rauschen. Im vorliegenden Buch sind in den Abbildungen die Kurven der Signalverläufe *schwarz* gezeichnet. Verarbeitete Daten (z. B. Spektren, Korrelationen, Ergebnisse von Filterungen oder Berechnungen) werden hingegen der Übersichtlichkeit halber *farbig* dargestellt. Zur Ermittlung des Signalstromstärke kann der arithmetische Mittelwert im Zeitintervall $[-T, T]$ gemäß

$$\overline{i(t)} = \lim_{T\to\infty} \frac{1}{2T} \int_{-T}^{T} i(t)\, dt \tag{1.2}$$

R. Heilmann, *Rauschen in der Sensorik*,
https://doi.org/10.1007/978-3-658-29214-0_1

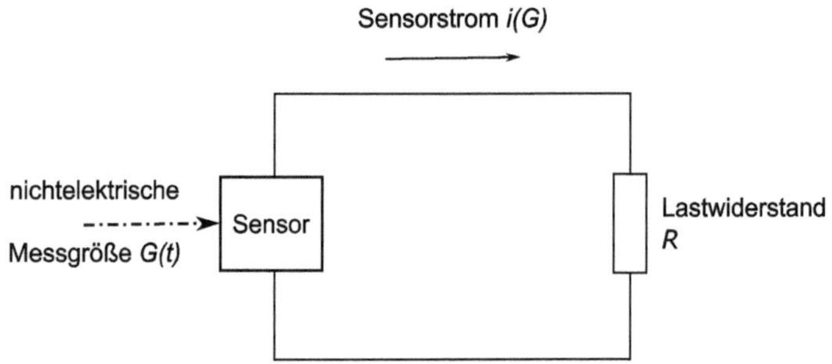

Abb. 1.1 Grundschaltung der Sensorik

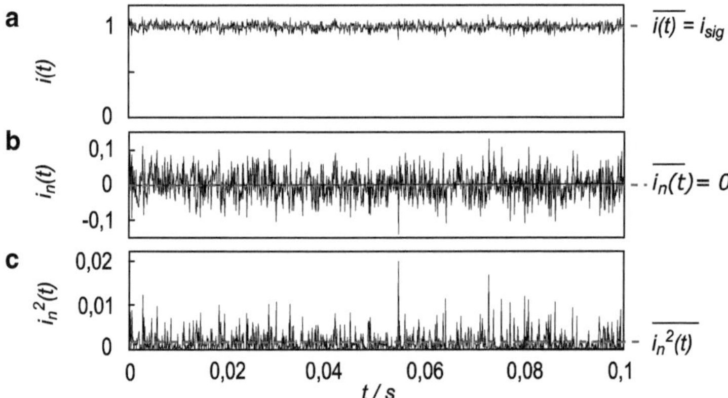

Abb. 1.2 **a** Gesamtstrom eines Sensors. **b** Extrahierter Rauschstrom mit gestreckter Werteskala. **c** Quadrat des Rauschstromes. Die entsprechenden Mittelwerte sind rechts angegeben

berechnet werden. In der messtechnischen Praxis wird der Mittelwert aus N digitalisierten Werten, die zu den Zeitpunkten t_k aufgenommen sind, näherungsweise mit

$$\overline{i(t)} \approx \frac{1}{N} \sum_{k=1}^{N} i_k(t_k) \tag{1.3}$$

bestimmt. Rauschen zeichnet sich durch einen unregelmäßigen, nicht vorhersagbaren Verlauf des Stromes aus. Walter Schottky hat dies als erster 1918 experimentell nachgewiesen [1]. Zur Charakterisierung des Rauschens ist dessen Strommittelwert nicht geeignet, da offensichtlich $\overline{i_n(t)} = 0$ gilt (siehe Abb. 1.2b). Um Signal und Rauschen vergleichen zu können, erweist es sich von Vorteil, die jeweiligen quadratischen Mittelwerte zu betrachten (Abb. 1.2c). Diese lassen sich berechnen nach

$$\overline{i^2} = \lim_{T\to\infty} \frac{1}{2T} \int_{-T}^{T} i(t)^2 \, dt \tag{1.4}$$

bzw. bei Digitalsignalen durch

$$\overline{i^2} \approx \frac{1}{N} \sum_{k=1}^{N} i_k(t_k)^2. \tag{1.5}$$

Der Effektivwert eines (Rausch-)Wechselstroms (= Wert eines Gleichstroms, der die gleiche Leistung umsetzt wie der betrachtete Wechselstrom) ist gleich der Wurzel aus dem quadratischen Mittelwert:

$$i_{eff} = \sqrt{\overline{i(t)^2}}. \tag{1.6}$$

Wenn Verwechslungen ausgeschlossen sind, wird im Weiteren der Einfachheit halber die Index-Bezeichnung *eff* bei Effektivwerten weggelassen. Die quadratischen Mittelwerte von Strom und Spannung sind gemäß

$$P = \frac{\overline{u^2}}{R} = \overline{i^2} R \tag{1.7}$$

ein Maß für die umgesetzte Verlustleistung P. Werden die effektive Signalleistung P_{sig} und die effektive Rauschleistung P_n zueinander ins Verhältnis gesetzt, erhält man das sogenannte *Signal-Rausch-Verhältnis:*

$$\frac{S}{N} = \frac{P_{sig}}{P_n} = \frac{\overline{i_{sig}^2}}{\overline{i_n^2}}. \tag{1.8}$$

Für Rausch*spannungen* gelten analoge Beziehungen. Da sich Signal und Rauschen ggf. um viele Größenordnungen unterscheiden, wird das Signal-Rausch-Verhältnis häufig als Pegelmaß in Dezibel (dB) angegeben:

$$SNR = 10 \cdot \lg\left(\frac{P_{sig}}{P_n}\right) \text{dB}. \tag{1.9}$$

Werden Spannungen betrachtet, so definiert man wegen der quadratischen Abhängigkeit der Leistung von der Spannung

$$SNR = 20 \cdot \lg\left(\frac{u_{sig}}{u_n}\right) \text{dB}. \tag{1.10}$$

Bei Spannungsmessungen an Oszilloskopen und Multimetern, in der Spektroskopie und der Bildverarbeitung, wo es häufig nur auf Amplitudenwerte und nicht auf Leistungen ankommt, wird mitunter eine alternative Definition des Signal-Rausch-Verhältnisses verwendet, bei dem nur die Amplitude zum Effektivwert des Rauschens ins Verhältnis gesetzt wird:

$$\left(\frac{S}{N}\right)_A = \frac{\hat{u}_{sig}}{u_n}. \tag{1.11}$$

Hierbei ist eine Angabe in dB jedoch unüblich.

Da wir im Weiteren im Wesentlichen Rauschen betrachten, wird der Einfachheit halber dort, wo eine Verwechslung nicht möglich ist, der Index n bei Strömen, Spannungen und Leistungen weggelassen. Wenn es der Sachverhalt nicht explizit erfordert, bezeichnen wir Strom und Spannung auch vereinheitlichend mit x mit der Einheit 1. Wenn in den Abbildungen für die verschiedenen Größen keine Einheiten angegeben sind, werden ebenfalls relative Einheiten verwendet.

Die Fluktuationen der Momentanwerte des Rauschsignals $x(t)$ erfolgen zufällig, jedoch gehorchen sie statistischen Gesetzen. Zerlegt man den Messbereich in entsprechend kleine Intervalle und bestimmt die Anzahl der Messwerte, die in diese Intervalle fallen, ergibt sich bei vielen Rauschprozessen eine Verteilung, wie sie in Abb. 1.3b gezeigt wird. Die Wahrscheinlichkeit, mit der ein Messwert zu einer beliebigen Zeit in ein Intervall mit dem Mittelwert x fällt, wird im Grenzfall einer großen Anzahl von Messungen mit der *Gaußschen Verteilungsfunktion* $f(x)$ beschrieben, die gegeben ist durch

$$f(x) = \frac{1}{\sqrt{2\pi}\sigma} e^{-\frac{x^2}{2\sigma^2}}. \tag{1.12}$$

Hierbei ist σ die *Standardabweichung,* die die Breite der Verteilung angibt: Sie ist gleich dem Abstand der symmetrisch liegenden Wendepunkte der Glockenkurve zum Mittelwert (im vorliegenden Fall $\overline{x} = 0$) und entspricht dem Effektivwert des Rauschsignals:

$$\sigma = x_{eff}. \tag{1.13}$$

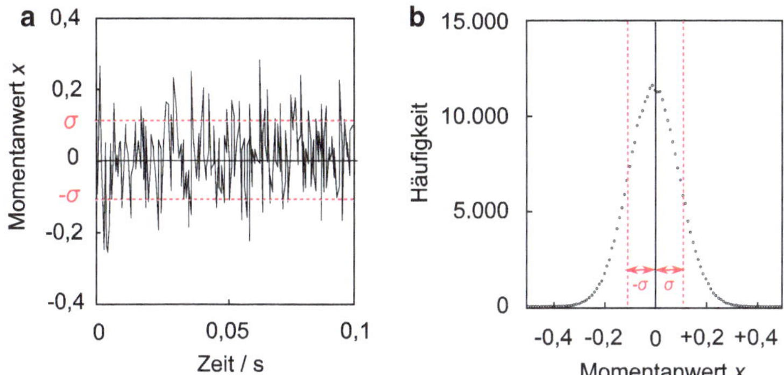

Abb. 1.3 **a** Charakteristischer Zeitverlauf des Gaußschen Rauschens mit einer Standardabweichung von 0,1, **b** Absolute Häufigkeit der entsprechenden Messwerte bei mehreren hunderttausend aufgenommenen Daten

Das Quadrat der Standardabweichung σ^2 wird als *Varianz* bezeichnet, die gemäß den Gl. 1.7 und 1.13 ein Maß für die Rauschleistung ist.

Für elektronisches Rauschen ist es gleich, ob man eine Rauschquelle beliebig lange beobachtet und deren Rauschen auswertet (= *Zeitmittel*) oder genügend viele, gleich aufgebaute Rauschquellen gleichzeitig betrachtet und deren Werte zueinander in Verbindung setzt (= *Scharmittel*). Das statistische Ergebnis bleibt das gleiche. Man nennt diese Eigenschaft *ergodisch*.

Beispiel 1 Integriert man Gl. 1.12 über ein bestimmtes Messwerteintervall, so erhält man die Wahrscheinlichkeit, mit der ein Messwert in das betrachtete Intervall fällt. Innerhalb des Intervalls $[-\sigma, +\sigma]$ liegen im Mittel 68,3 % aller Messwerte. Da die Exponentialfunktion für beliebig große x nicht null wird, muss bei Gaußschem Rauschen auch damit gerechnet werden, dass mit geringer Wahrscheinlichkeit auch relativ große Rauschwerte vorkommen. So treten in 0,1 % der Betriebszeit Spitzenwerte auf, die vom Betrag her größer als 3,3 σ sind.

1.2 Korrelation von Rauschsignalen

Durch den Vergleich der Momentanwerte von unterschiedlichen Rauschprozessen lässt sich auf ggf. vorhandene gleiche Rauschquellen schließen. Die Ähnlichkeit von Signalen wird durch die sogenannte *Korrelation* beschrieben. Abb. 1.4 zeigt

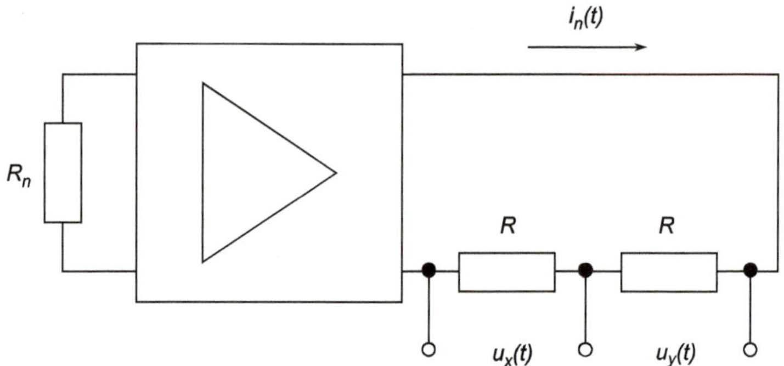

Abb. 1.4 Anordnung zur Messung der Korrelation von Rauschsignalen

eine Messanordnung, mit der die Verwandtschaft bzw. die Ähnlichkeit von zwei Rauschsignalen bestimmt werden kann. Die vom Widerstand R_n erzeugte Rauschspannung (siehe den späteren Abschn. 2.1) wird über einen Verstärker in den Rauschstrom $i_n(t)$ gewandelt, der durch zwei gleiche, in Reihe geschaltete Widerstände fließt. Die jeweiligen Spannungsabfälle werden vom x- bzw. y-Eingang eines Oszilloskops aufgenommen, das im xy-Modus betrieben wird. Sind die Spannungsabfälle groß gegenüber dem thermischen Rauschen der beiden Widerstände R, sind beide Spannungsverläufe im Wesentlichen gleich, d. h. die Korrelation ist hoch. Es ergibt sich auf des Oszilloskopschirm der in Abb. 1.5a dargestellte

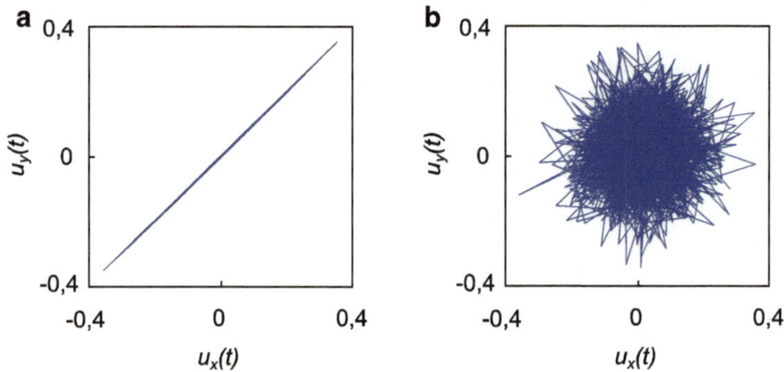

Abb. 1.5 Oszilloskopbild im xy-Modus entsprechend Abb. 1.4: **a** zwei stark korrelierte, **b** zwei unkorrelierte Rauschprozesse

Zusammenhang: Zu jedem gemessenen x-Wert ergibt sich ein y-Wert, der (nahezu) gleich ist. Das Ergebnis ist eine Gerade mit dem Anstieg 1. Nimmt die Korrelation ab, weitet sich die Gerade zu einer Ellipsenfläche. Ist schließlich der Rauschstrom $i_n(t)$ so klein, dass die entsprechenden Spannungsabfälle vernachlässigbar sind gegenüber den thermischen Rauschspannungen der beiden Widerstände, ergeben sich zwei unterschiedliche, nicht miteinander korrelierte Spannungsverläufe. Im xy-Modus ist dann näherungsweise eine ausgefüllte Kreisscheibe zu sehen (Abb. 1.5b).

Überlagern sich k unkorrelierte Rauschanteile, so ergibt sich aus dem Energieerhaltungssatz für das Gesamtrauschen

$$P_{ges} = P_1 + P_2 + \ldots + P_k \tag{1.14}$$

und wegen $P \sim \overline{u^2}$ bzw. $P \sim \overline{i^2}$ für die Effektivwerte der Gesamtspannungen bzw. -ströme das quadratische Mittel der entsprechenden Rauschgrößen:

$$x_{ges} = \sqrt{\overline{x_{ges}^2}} = \sqrt{\overline{x_1^2} + \overline{x_2^2} + \ldots + \overline{x_k^2}}. \tag{1.15}$$

Bei teilweise oder vollständig korrelierten Rauschgrößen, die beispielsweise gemeinsame Quellen haben, treten zusätzliche Mischterme auf, die aber im weiteren nicht mathematisch betrachtet werden sollen. Genaueres dazu findet man in [6, 7].

Die Ähnlichkeit von Signalen wird durch die *Korrelationsfunktion* quantitativ beschrieben. Sie ist für zwei Signale $x_1(t)$ und $x_2(t)$ als „Produktmittelwert" definiert als

$$r_{12}(\tau) = \lim_{T\to\infty} \frac{1}{2T} \int_{-T}^{+T} x_1(t)\, x_2(t+\tau)\, dt. \tag{1.16}$$

Die Variable τ beschreibt hierbei die zeitliche Verschiebung des einen Signals gegenüber dem anderen. Es sei an dieser Stelle angemerkt, dass der Einfachheit halber in Gl. 1.16 von unendlichen Integrationsgrenzen ausgegangen wird. Diese Definition gilt daher strenggenommen nur für sogenannte Leistungssignale (z. B. Rauschen), bei denen das Integral für $T \to \infty$ gegen unendlich strebt. Für reale Signale von endlicher Dauer sind die Integrationsgrenzen natürlich auch endlich. Für zeitdiskrete, digitalisierte Signale endlicher Dauer lässt sich die Korrelationsfunktion näherungsweise als Summe der Produkte der Elemente von zwei Zahlenfolgen schreiben:

$$r_{12}[m] \approx \sum_{n=-\infty}^{+\infty} x_1[n] \cdot x_2[n+m]. \tag{1.17}$$

Hierbei übernimmt der variable Laufindex m die Funktion der Zeitverschiebung τ. Für die praktische Realisierung dieser Berechnung sei auf [10] verwiesen. Die anschauliche Bedeutung der Korrelationsfunktion wird bei Rauschsignalen besonders klar: Sind beide Signale exakt gleich, ist das Produkt für alle $x_1 \cdot x_2 \geq 0$. Für unterschiedliche Rauschsignale wechselt das Produkt ständig das Vorzeichen, da die jeweiligen Momentanwerte selbst unabhängig voneinander um null schwanken. Das Integral bzw. die Summe zeigt also bei korrelierten Signalen immer ein Maximum. Werden korrelierte Rauschsignale jedoch um eine hinreichend große Zeit τ bzw. um den Laufindex m zeitlich versetzt betrachtet, korrelieren die entsprechende Momentanwerte nicht mehr miteinander. Die Korrelationsfunktion fällt ab und fluktuiert um ein Minimum. Dieses Verhalten ist in der Abb. 1.6 für zwei stark korrelierte Rauschsignale gezeigt. Je stärker die Korrelation ist, desto ausgeprägter ist das Maximum der Korrelationsfunktion.

Werden zwei unterschiedliche Signale miteinander verglichen, spricht man von der *Kreuzkorrelationsfunktion*. Diese kann beispielsweise dazu verwendet werden, um die Laufzeitdifferenz von gestörten Signalen auszumessen oder periodische Strukturen in verrauschten Signalen zu erkennen. Man kann aber auch die Korrelation eines Signals mit sich selbst darstellen. Diese sogenannte *Autokorrelationsfunktion* (AKF) ist definiert als

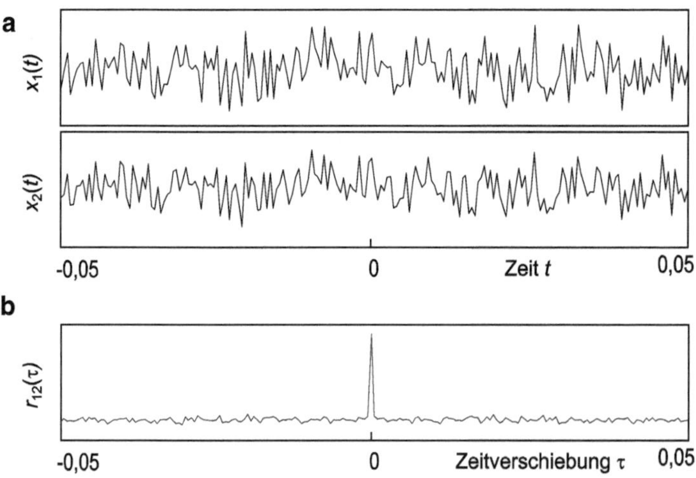

Abb. 1.6 **a** Zwei stark korrelierte Rauschsignale, **b** deren Korrelationsfunktion

$$r(\tau) = \lim_{T\to\infty} \frac{1}{2T} \int_{-T}^{+T} x(t)\, x(t+\tau)\, dt. \tag{1.18}$$

und ermöglicht es unter anderem, Signal- und Rauschleistung separat darzustellen. In der Abb. 1.7 ist ein verrauschtes Sinus-Signal mit seiner AKF gezeigt, bei der man deutlich bei $\tau = 0$ einen scharfen Peak erkennt. Ohne zeitliche Verschiebung beschreibt Gl. 1.18 als das zeitliche Integral über das Quadrat von Strom- oder Spannungsverlauf entsprechend Gl. 1.7 die Gesamtleistung von Signal und Rauschen. Mit wachsendem τ strebt die Korrelation vom originalen und dem „verschobenen" Signal für das Rauschen gegen null. Nur die vorhandenen Signalanteile zeigen eine Korrelation, die bei Verschiebung um das Vielfache der Periodendauer des Signals jeweils wieder ein Maximum erreicht. Die Signale „passen dann wieder zusammen", während das Rauschen von Periode zu Periode natürlich unterschiedlich ist. So zeigt die AKF einen Cosinus-Verlauf, dessen Amplitude die Leistung des Signals repräsentiert und das scharfe Maximum bei $\tau = 0$ die Summe aus Signal- und Rauschleistung angibt. Folglich lässt sich aus dieser Darstellung das Signal-Rausch-Verhältnis ablesen, wenn Signal und Rauschen in der gleichen Größenordnung liegen. Aus der Abbildung ist auch deutlich zu sehen, dass die AKF quasi eine Mittelung des Signals mit sich selbst darstellt. Somit kann die AKF zur Extraktion von periodischen Anteilen aus stark verrauschten Signalen verwendet werden.

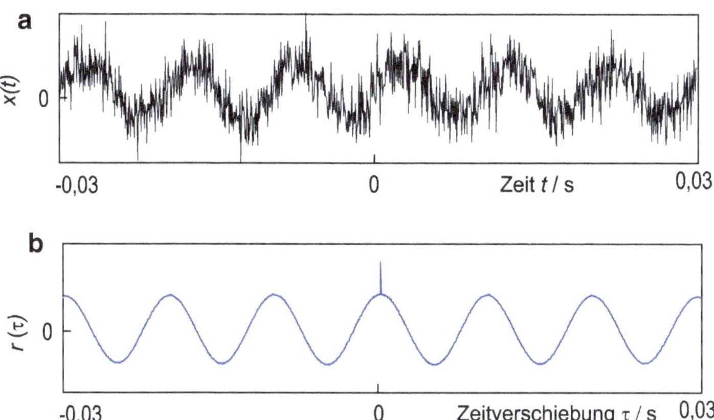

Abb. 1.7 **a** Verrauschtes Sinus-Signal, **b** entsprechende Autokorrelationsfunktion, aus der ein Signal-Rausch-Verhältnis von 1 ablesbar ist

Schließlich sei noch angemerkt, dass die Breite des Peaks der AKF um $\tau = 0$ Aussagen über die Art des Rauschens ermöglicht. Je schneller sich das Rauschsignal ändert, desto schneller sinkt die AKF auf null, das heißt desto schmaler ist der Peak (siehe Abb. 1.8). Folglich lässt sich aus der Peakbreite eine Zeitkonstante τ_r ermitteln. Diese kann als mittlere Zeit angesehen werden, in der das Rauschsignal sein Vorzeichen wechselt. Sie ist somit charakteristisch für den betrachteten Rauschprozess und kann daher zur Identifikation von Rauschursachen herangezogen werden. Der Peak der AKF verändert sich auch, wenn das Rauschen gefiltert wird. So wird der Peak beispielsweise bei einem Tiefpass mit sinkender Grenzfrequenz immer kleiner und breiter.

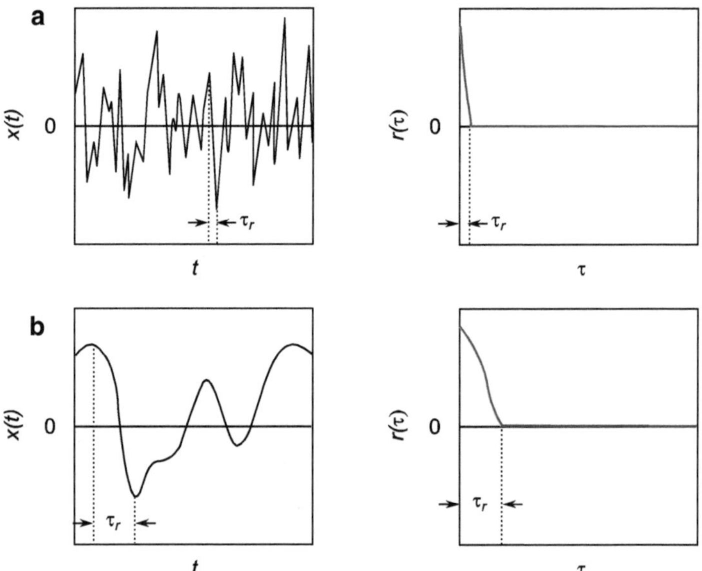

Abb. 1.8 Schematische Darstellung des Zusammenhangs zwischen Zeitsignal und Autokorrelationsfunktion für **a** schnelle und **b** langsame Änderungen des Zeitsignals

1.3 Frequenzcharakteristik

Oft ist es von Vorteil zu wissen, welche Frequenzen ein Signal $x(t)$ enthält. Die graphische Darstellung der Amplituden der jeweiligen Anteile in Abhängigkeit von der Frequenz wird *Spektrum* genannt. Dieses lässt sich über die Fourier-Transformation

$$X(f) = \int_{-\infty}^{+\infty} x(t)\,\mathrm{e}^{-i2\pi f t}\,dt \tag{1.19}$$

berechnen. Technisch umgesetzt werden kann diese Berechnung auf zwei Wegen: Bei Spektrumanalysatoren wird das analoge Signal mit einem Sinussignal gemischt, dessen Frequenz sich linear mit der Zeit ändert. Das dabei entstehende Mischsignal mit linear zunehmender Frequenz wird anschließend über einen festen, schmalen Bandpass „geschoben". Die dabei durchgelassene Leistung wird in Abhängigkeit von der Frequenz als Spektrum dargestellt. Die Analyse erfolgt damit sequentiell (ist also unter Umständen relativ langsam) und lässt sich nur für periodische Signale anwenden. Dabei sind jedoch Analysen bis in den THz-Bereich möglich.

Die zweite Möglichkeit zur Berechnung des Spektrums erfolgt nach der A/D-Umsetzung des Signals über die Berechnung der digitalen, diskreten Fouriertransformation. Der besondere Algorithmus der Fast Fourier Transformation (FFT) ist heutzutage in Standard-Oszilloskopen implementiert und kann auch auf nichtperiodische, transiente Signale angewandt werden. Die Nyquist-Frequenz (= die Hälfte der Abtastrate) setzt hier entsprechend des Abtasttheorems die höchsten zu analysierenden Frequenzen fest, die aktuell mit $f \leq$ GHz noch niedriger liegen als bei Spektrumanalysatoren. Allerdings lassen sich mit der FFT nicht nur die Amplituden der Frequenzbestandteile, sondern auch deren Phasen berechnen.

Periodische Signale besitzen ein Spektrum mit diskreten Linien bei den entsprechenden Frequenzen. Rauschsignale hingegen enthalten unendlich viele, in Frequenz, Phase und Amplitude fluktuierende Bestandteile, die sich im Spektrum prinzipiell über den gesamten messbaren Frequenzbereich als eine Art „Rauschteppich" ausbreiten. Der typische Verlauf einer solchen Verteilung ist in Abb. 1.9 schematisch dargestellt. Da im Spektrum das Signal mit schmalen Bandbreiten betrachtet wird, lassen sich Nutzsignal und Rauschen viel besser getrennt darstellen und auswerten als das im Zeitbereich möglich ist.

Um die Gesamtrauschleistung bzw. das Signal-Rausch-Verhältnis zu bestimmen, müssen folglich alle Frequenzbestandteile berücksichtigt werden. Im Spektrum wird in der Regel die Signalleistung innerhalb eines Frequenzintervalls (in der Regel 1 Hz) dargestellt. Diese Größe wird *spektrale Leistungsdichte* $w(f)$ genannt und

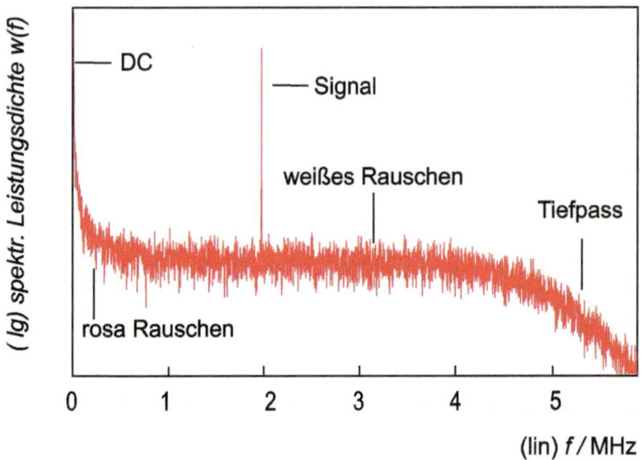

Abb. 1.9 Typisches Spektrum eines verrauschten Sinus-Signals

hat die Einheit WHz^{-1}. Die Gesamtrauschleistung ergibt sich daher als Integral über die Leistungsdichte über alle Frequenzen:

$$P = \int_0^\infty w(f)\, df. \tag{1.20}$$

Da unterschiedliche Messgeräte verschiedene Bandbreiten Δf aufweisen, ist also die praktisch messbare Rauschleistung keine absolute Größe, sondern hängt von der Bandbreite des verwendeten Messsystems ab. Es sei noch angemerkt, dass die Rauschleistungsdichte entsprechend Gl. 1.7 proportional zur Spannungsquadratdichte (Einheit V^{2}Hz^{-1}) bzw. zur Stromstärkequadratdichte (Einheit A^{2}Hz^{-1}) ist:

$$w(f) = \frac{P}{\Delta f} \sim \frac{\overline{u(t)^2}}{\Delta f} \sim \frac{\overline{i(t)^2}}{\Delta f}. \tag{1.21}$$

Diese drei Größen sind jedoch voneinander zu unterscheiden, denn nur bei einem Lastwiderstand von 1 Ω sind ihre Zahlenwerte gleich. Mitunter werden auch nur die Effektivwerte von Spannung und Stromstärke im sogenannten *Amplitudenspektrum* als Funktion der Frequenz dargestellt oder als rauschspezifische Parameter in Datenblättern angegeben. Man spricht dann von spektraler Spannungs- bzw. spektraler Stromdichte. Als Einheiten ergeben sich VHz$^{-1/2}$ bzw. AHz$^{-1/2}$.

Wie die Rauschleistungsdichte von der Frequenz abhängt, wird von den Prozessen bestimmt, die das Rauschen verursachen. Entscheidend dabei ist die Zeitdauer Δt, mit der solche Elementarprozesse im Mittel stattfinden. Die Unschärferelation der Signalverarbeitung besagt, dass die Breite eines Spektrums umgekehrt proportional zur Zeitdauer des Signals ist. Viele von Elektronen verursachten Rauschprozesse laufen extrem schnell ab und äußern sich im Zeitbereich durch entsprechend schnelle Spannungsänderungen bzw. kurze Impulse. Den Extremfall bildet der δ-Impuls, der als Fouriertransformierte eine Konstante hat, d. h. in der Funktion $\delta(t)$ sind alle Frequenzen von null bis unendlich „enthalten".

Wie in Abb. 1.9 schematisch dargestellt, ist die spektrale Rauschleitungsdichte über weite Frequenzbereiche hinweg oft konstant, d. h. alle Frequenzen sind gleichverteilt enthalten. Das spricht für die Tatsache, dass diese Art des Rauschens durch sehr kurze Elementarprozesse hervorgerufen wird. Es gilt also $f \ll 1/\Delta t$. In Analogie zum weißen Licht, in dem alle Farben enthalten sind, spricht man dabei von *weißem Rauschen.* Die Rauschleistung berechnet sich in diesem Fall einfach als Produkt von konstanter Rauschleistungsdichte und Bandbreite des Messsystems Δf:

$$P_w = w(f) \cdot \Delta f. \tag{1.22}$$

Das ist die sogenannte *Nyquist-Gleichung.*

Insbesondere bei niedrigen Frequenzen nimmt jedoch bei einigen Rauschprozessen die Rauschleistungsdichte infolge von relativ langsamen Prozessen mit wachsender Frequenz ab. Es gilt dann $w(f) \sim 1/f$ [2]. Es kann gezeigt werden, dass diese Abhängigkeit auftritt, wenn $f \approx 1/\Delta t$ [6–8]. Licht mit einem stärkeren Anteil niedriger Frequenzen erscheint rötlich. Daher spricht man in diesem Falle von $1/f$ – oder, wieder in Analogie zum Licht, von *rosa Rauschen.* In der Abb. 1.10 sind beispielhaft die Zeitverläufe von weißem und rosa Rauschen gezeigt. Die Vermutung liegt nahe, dass diese verschiedenartigen Zeitverläufe auch unterschiedliche Ursachen haben und zur Rauschreduktion gegebenenfalls verschiedene Verfahren angewandt werden müssen.

Entsprechend Gl. 1.20 ergibt sich bei rosa Rauschen in einem Frequenzintervall von f_1 bis f_2 für die Rauschleistung

$$P_n = \int_{f_1}^{f_2} \frac{c}{f}\, df = c \ln \frac{f_1}{f_2}. \tag{1.23}$$

Hierbei ist c eine Konstante. Für ein konstantes relatives Frequenzintervall von f_1 bis bf_1 folgt daraus

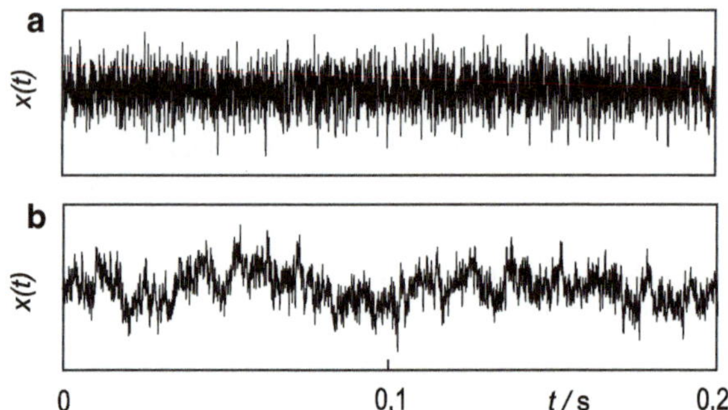

Abb. 1.10 Typische Zeitverläufe von **a** weißem und **b** rosa Rauschen

$$P_n = c \ln b. \tag{1.24}$$

Das bedeutet, dass beim $1/f$–Rauschen in jedem relativen Frequenzintervall (z. B. bei einer Oktave für $b = 2$) die Rauschleistung gleich und unabhängig von der Frequenz ist. Jedes relative Intervall liefert folglich zur Gesamtleistung den gleichen Beitrag.

Beispiel 2 In Abb. 1.11 ist das Terzpegelspektrum eines Lautsprechers gezeigt, der mit rosa Rauschen angesteuert wurde. Bei den in der Akustik eingesetzten Terzfil-

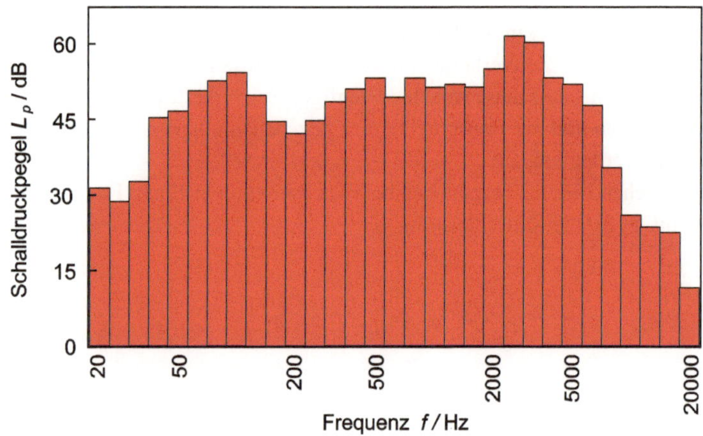

Abb. 1.11 Terzpegelspektrum eines Lautsprechers, der rosa Rauschen wiedergibt

tern, die auch 1/3-Oktavfilter genannt werden, ist $b = \sqrt[3]{2}$. Aus dieser in der Akustik üblichen Darstellung lässt sich gut die Frequenzabhängigkeit der abgestrahlten Leistung des Lautsprechers erkennen.

Für den Fall $f \gg 1/\Delta t$ zeigt sich für die Rauschleistungsdichte die Abhängigkeit $w(f) \sim 1/f^2$. Dieses sogenannte *rote Rauschen* (auch *Brownsches,* mitunter fälschlicherweise auch *braunes Rauschen* genannt) hat vielfältige Ursachen und ist nicht immer vom $1/f$–Rauschen zu trennen. Beide Abhängigkeiten gehen daher mitunter ineinander über.

Bei hohen Frequenzen fällt die angezeigte spektrale Leistungsdichte infolge des Tiefpassverhaltens des Messsystems bzw. des Spektrumanalysators ab (siehe Abb. 1.9) Bei extrem hohen Frequenzen über 100 GHz sinkt auch die theoretisch mögliche Rauschleistungsdichte dann generell gegen null, da elementare Rauschprozesse nicht in beliebig kurzen Zeitintervallen stattfinden und die dabei aufgenommenen und abgegebenen Energieportionen, die laut Quantentheorie proportional zur Frequenz sind, endlich bleiben müssen.

Der Frequenzverlauf des Rauschens spiegelt sich auch in der Amplitudenverteilung des Zeitsignals wider. Wie am Schluss des vorangegangenen Abschn. 1.2 gezeigt wurde, hat bei Gaußschem Rauschen die Autokorrelationsfunktion bei null eine scharfe Linie, deren Höhe ein Maß die Gesamtleistung des Rauschens darstellt. Nach dem Wiener-Chitschin-Theorem repräsentiert die Fouriertransformierte der Autokorrelationsfunktion $r(\tau)$ das Spektrum des Signals [9]:

$$w(f) = \int_{-\infty}^{+\infty} r(\tau)\, \mathrm{e}^{-i2\pi f i\tau}\, d\tau \tag{1.25}$$

Nach der Unschärferelation der Signalverarbeitung ist das Spektrum umso breiter, je schmaler die entsprechende Zeitfunktion (hier $r(\tau)$) ist. Wie bereits erwähnt, ist die Fouriertransformierte eines δ-Impulses eine Konstante über den gesamten Spektralbereich. Gaußsches Rauschen mit einer δ-förmigen Autokorrelation ist somit weißes Rauschen mit einer konstanten Rauschleistungsdichte. $1/f$– bzw. $1/f^2$–Rauschen zeigen dagegen einen verbreiterten Peak der Autokorrelationsfunktion um $\tau = 0$.

Der Verlauf der Rauschspektren wird natürlich wesentlich von den Filtereigenschaften der Messglieder bestimmt. Für viele Betrachtungen kann man vereinfachend annehmen, dass innerhalb des Durchlassbereiches eines Filters die spektrale Rauschleistungsdichte w konstant ist. Dabei muss jedoch berücksichtigt werden, dass sich die üblicherweise definierten 3 dB-Grenzfrequenzen bzw. Signalbandbreiten Δf für die Berechnungen der durchgelassenen Rauschleistung

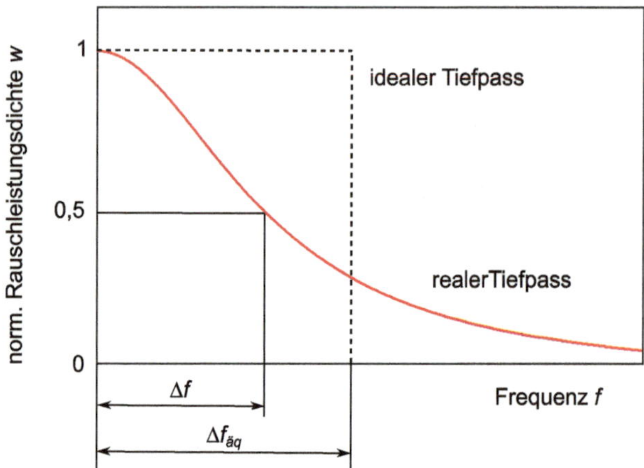

Abb. 1.12 Spektrale Rauschleistungen und Grenzfrequenzen bei einem Tiefpass

nicht eignen. Wie in Abb. 1.12 schematisch für einen realen Bandpass gezeigt, wird unterhalb und oberhalb der Grenzfrequenz die Rauschleistung asymmetrisch gedämpft. Man definiert daher eine *rauschäquivalente Bandbreite* $\Delta f_{äq}$, die ein idealer Filter haben müsste, um bei Zufuhr weißen Rauschens am Ausgang dieselbe Rauschleistung aufzuweisen wie sie ein realer Filter mit der Bandbreite Δf liefert. In Anlehnung zur Nyquist-Gleichung 1.22 gilt dann für die durchgelassene Rauschleistung:

$$P \sim w \cdot \Delta f_{äq}. \tag{1.26}$$

Verallgemeinernd lässt sich die rauschäquivalente Bandbreite bei jeder Art von Filter verwenden [11]. Die Ermittelung der Rauschleistung gemäß dieser Gleichung hat den Vorteil, dass man bei eingangsseitigem weißen Rauschen innerhalb der Filterbandbreite auch ausgangsseitig mit einer konstanten Rauschleistungsdichte rechnen kann. Wie noch in Kap. 5 zum Verstärkerrauschen gezeigt wird, kürzt sich deswegen bei Verhältnisbildung von Eingangs- und Ausgangsrauschgrößen die Bandbreite heraus. Der frequenzabhängige Verlauf der Übertragungsfunktion des Filters braucht dabei gar nicht bekannt zu sein. Zur Berechnung der durchgelassenen Rauschleistung muss man jedoch die rauschäquivalente Bandbreite kennen. Für einen Tiefpass 1. Ordnung kann beispielsweise gezeigt werden, dass gilt [7]:

$$\Delta f_{Äq} = \frac{\pi}{2} \cdot \Delta f. \tag{1.27}$$

Elektronische Rauschquellen

2

Im folgenden Kapitel werden die elektronischen Ursachen des Rauschens behandelt. Neben dem thermischen Rauschen werden insbesondere Schrot-, Generations-Rekombinations-, Funkel-, Phasen- und das Quantisierungsrauschen betrachtet.

2.1 Thermisches Rauschen

In leitenden Materialien bewegen sich die freien Elektronen infolge ihrer kinetischen Energie ungeordnet durcheinander. Diese Bewegungsenergie ist proportional zur absoluten Temperatur T und wird deshalb auch thermische Energie genannt. Infolge dieser ungeordneten Bewegung entstehen an den Enden eines jeden Widerstandes fluktuierende Ladungsunterschiede, die als zeitabhängige (Rausch-)Spannung gemessen werden können. Man spricht daher von *thermischem Rauschen*. Im Englischen wird häufig die Bezeichnung *Johnson-Nyquist-Noise* benutzt. Johnson hat das thermische Rauschen als erster experimentell verifiziert [4] und Nyquist hat es theoretisch erklärt [5]. Jeder Widerstand R kann daher als Rauschspannungs- oder Rauschstromquelle betrachtet werden, die das thermische Rauschen und die damit verbundene Leistung an einen angeschlossenen Lastwiderstand R_L abgeben können. Wie in Abb. 2.1 gezeigt, kann ein rauschender Widerstand in elektrischen Schaltungen ersetzt werden durch eine Spannungsquelle (Effektivwert der abgegebenen Spannung u_0) und einen in Reihe geschalteten Innenwiderstand $R_i = R$. Eine identische Ersatzschaltung ist gegeben mit einer Stromquelle (Effektivwert des abgegebenen Stromes i_k) und parallelem Innenwiderstand R_i. Betrachten wir im weiteren die Spannungsersatzschaltung. Entsprechend der Spannungsteilerregel gilt

$$\frac{u_L}{u_0} = \frac{R_L}{R_L + R}. \tag{2.1}$$

R. Heilmann, *Rauschen in der Sensorik*,
https://doi.org/10.1007/978-3-658-29214-0_2

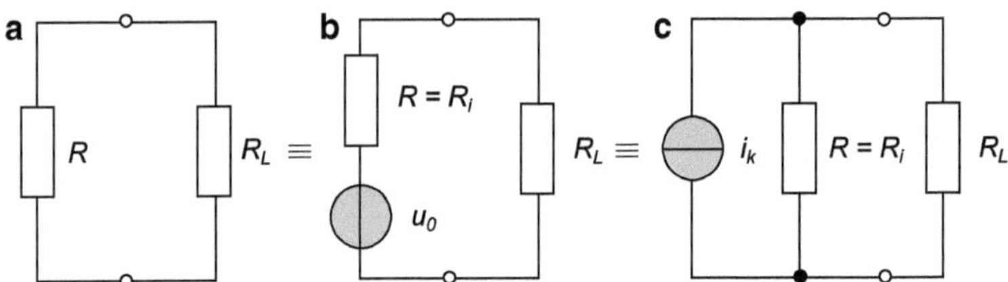

Abb. 2.1 **a** Widerstand R als Rauschgenerator, an den ein nichtrauschender Lastwiderstand R_L angeschlossen ist, **b** Spannungsersatzschaltung, **c** identische Stromersatzschaltung. Ersatzspannungs- und -stromquellen sind im Buch grau unterlegt

Für die Leerlaufspannung ($R_L \to \infty$) ergibt sich damit $u_L = u_0$. Messungen und theoretische Ableitungen zeigen, dass für das thermische Rauschen gilt [6–8]

$$u_{th0} = \sqrt{4kTR\Delta f}. \tag{2.2}$$

Hierbei ist die Boltzmann-Konstante $k = 1{,}38 \cdot 10^{-23}\,\mathrm{WHz^{-1}K^{-1}}$. Für Zimmertemperatur ($T = T_0 = 300\,\mathrm{K}$) ist damit $kT_0 = 4 \cdot 10^{-21}\,\mathrm{W\,Hz^{-1}}$.

Beispiel 1 Gemäß Gl. 2.2 ergeben sich für die in der Tabelle aufgelisteten Widerstände die angegebenen thermischen Rauschspannungsdichten bei Zimmertemperatur

Widerstand R	Spektrale Spannungsdichte des thermischen Rauschens
50 Ω	0,9 $\mathrm{nVHz^{-1/2}}$
1 kΩ	4 $\mathrm{nVHz^{-1/2}}$
1 MΩ	126 $\mathrm{nVHz^{-1/2}}$
1 GΩ	4 $\mathrm{\mu VHz^{-1/2}}$

Der Kurzschlussstrom ($R_L \to 0$) berechnet sich wegen $u_0 = R \cdot i_K$ zu

$$i_{thK} = \sqrt{\frac{4kT\Delta f}{R}}. \tag{2.3}$$

Für die abgegebene Rauschleistung ergibt sich aus der Gl. 2.1

$$P_n = \frac{u_L^2}{R_L} = u_0^2 \frac{R_L}{(R_L + R)^2}. \tag{2.4}$$

Die maximale Leistung wird bei Anpassung ($R_L = R$) übertragen. Mit Gl. 2.2 findet man dafür

$$P_{n,max} = kT\Delta f. \tag{2.5}$$

Das ist die sogenannte *verfügbare Rauschleistung*. Die Rauschleistungsdichte

$$\frac{P_n}{\Delta f} = w = kT \tag{2.6}$$

erweist sich beim thermischen Rauschen als konstant bis zu hohen Frequenzen, für die die Energie der Quanten des elektromagnetischen Feldes ungefähr gleich der thermischen Energie der Elektronen ist, d. h. $kT \approx hf$, wobei $h = 6{,}63 \cdot 10^{-34}\,\mathrm{Ws}^{-2}$ das Plancksche Wirkungsquantum repräsentiert. Bis zu diesem Grenzbereich der Infrarotstrahlung liegt also weißes Rauschen vor. Das thermische Rauschen geht bei noch höheren Frequenzen, d. h. bei Infrarotstrahlung und sichtbarem Licht, in das *Quantenrauschen* über (siehe Abschn. 3.2). Bei komplexen Wechselstromwiderständen (Schaltungen aus ohmschen Widerständen, Kondensatoren und Spulen) zeigt nur der Realteil thermisches Rauschen. Da dessen Betrag aber von der Frequenz abhängt, ist die Rauschleistungsdichte nicht mehr konstant und es gibt ein „farbiges" Rauschspektrum (vgl. Abschn. 1.3).

Bislang wurde einem rauschfreien Lastwiderstand ausgegangen. Das ist aber nur dann der Fall, wenn dieser sich - bei ungefähr gleichem Widerstandswert wie der zu untersuchende Widerstand - auf einer wesentlich niedrigeren Temperatur befindet. Da dies im Allgemeinen nicht der Fall ist, muss berücksichtigt werden, dass auch der Lastwiderstand rauscht und so Rauschleistungen an den jeweils anderen Widerstand abgegeben werden. Schematisch dargestellt ist der Sachverhalt in Abb. 2.2. Da beide Rauschspannungen nicht korreliert sind, können sie nach Gl. 1.15 quadratisch addiert werden. Entsprechend der Verhältnisse in Abb. 2.2 ergibt sich folglich für die Gesamtrauschspannung

$$\overline{u_{ges}^2} = \overline{u_0^2} + \overline{u_L^2}. \tag{2.7}$$

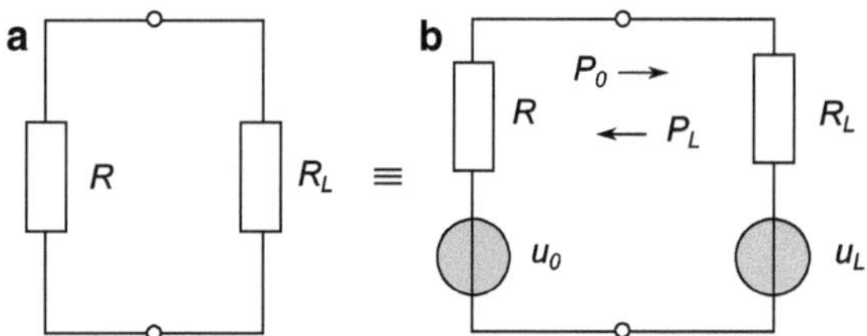

Abb. 2.2 **a** Zwei parallelgeschaltete thermische Widerstände, **b** Ersatzschaltung und der dabei stattfindende Leistungsübertrag

Beispiel 2 Die Eigenrauschspannung eines Voltmeters beträgt 0,3 µV. Bei Anschluss eines rauschenden Widerstandes steigt die Gesamtrauschspannung auf 0,8 µV. Für die Rauschspannung des Widerstandes ergibt sich daher nach Umstellung von Gl. 2.7

$$\overline{u_0^2} = \overline{u_{ges}^2} - \overline{u_L^2} = 0{,}8^2 \mu\text{V}^2 - 0{,}3^2 \mu\text{V}^2 \Rightarrow u_0 = 0{,}7\,\mu\text{V}.$$

2.2 Weitere elektronische Rauschprozesse

Schrotrauschen

Sobald quantisierte Ladungsträger über eine Barriere in einen energetisch günstigeren Zustand fallen, verursachen sie eine besondere Form des Rauschens, das *Schrotrauschen* (englisch *shot noise*) genannt wird [3]. Das Fallen von Körnern oder Tropfen auf eine flache Unterlage verursacht nämlich ein Rauschen, das ähnliche statistischen Charakteristika zeigt. Die Verhältnisse sind dabei auch analog zu einem ruhig dahin fließenden Bach, der erst an einem Wasserfall rauscht. Sowohl Schrotkörner und als auch Wassertropfen sind jeweils annähernd gleich groß und fallen unabhängig voneinander. Diese Prozesse lassen sich mithilfe der *Poisson-Statistik* erfassen. Die Analogie zu sich bewegenden Ladungsträgern, die alle die gleiche Elementarladung *e* tragen und unabhängig voneinander und zu unterschiedlichen Zeiten ein gegebenes Ziel erreichen, ist damit gegeben. Der Sperrstrom von Halbleiterdioden zeigt beispielsweise Schrotrauschen. Dioden werden daher als breitbandige Rauschquellen benutzt, um beispielsweise das Rauschverhalten von Verstärkern auszumessen (siehe Kap. 5).

Fließt durch ein Bauelement ein Gesamtstrom i, so gilt bei einer Bandbreite des Messsystems von Δf für den Effektivstromwert des Schrotrauschens [6–8]

$$i_{sh} = \sqrt{2e\,i\,\Delta f}. \tag{2.8}$$

Das Schrotrauschen ist damit nur vom fließenden Strom und nicht direkt von der Temperatur abhängig. Nur wenn der Strom durch die Temperatur beeinflusst wird (z. B. beim Sperrstrom einer Diode), ergibt sich eine mittelbare Abhängigkeit. Durch Änderung der Temperatur lassen sich somit thermisches und Schrotrauschen von einander unterscheiden. Im Spektrum erweisen sich beide Rauscharten jedoch als weißes Rauschen, d. h. die Linien der Autokorrelationsfunktionen (siehe Abschn. 1.2) sind in beiden Fällen sehr schmal. Eine Trennung der beiden Rauscharten im Spektrum ist damit nicht möglich.

Beispiel 3 Gemäß Gl. 2.8 sind in der Tabelle für einige charakteristische Stromwerte die spektralen Dichten des Schrotrauschens aufgeführt:

Stromstärke i	Spektrale Stromdichte des Schrotrauschens
1 mA	18 pAHz$^{-1/2}$
1 µA	0,57 pAHz$^{-1/2}$
1 nA	0,18 pAHz$^{-1/2}$
1 pA	0,57 fAHz$^{-1/2}$

Generations- und Rekombinationsrauschen

Halbleiter leiten den elektrischen Strom, wenn gebundene Ladungsträger energetisch angeregt in das Leitungsband gehoben werden, in dem sie sich relativ frei bewegen können. Dieser Prozess wird Generation genannt. Nach endlicher Zeit geben die beweglichen Ladungsträger ihre Energie wieder ab und kehren im Prozess der Rekombination in den Grundzustand zurück. Die einzelnen Übergänge laufen statistisch und in sehr kurzen Zeitintervallen ab. Deutlich langsamer jedoch ändern sich die Ladungsträgerdichten nachdem das System aus dem (thermischen) Gleichgewicht gebracht wurde. Dies äußert sich in statistischen Schwankungen des durch den Halbleiter fließenden Stromes, die als *Generations- und Rekombinationsrauschen* bezeichnet werden [7].

Ein charakteristisches Spektrum dieses Rauschprozesses (siehe Abb. 2.3) lässt sich als Spektrum vom weißem Rauschen denken, das durch einen Tiefpass mit

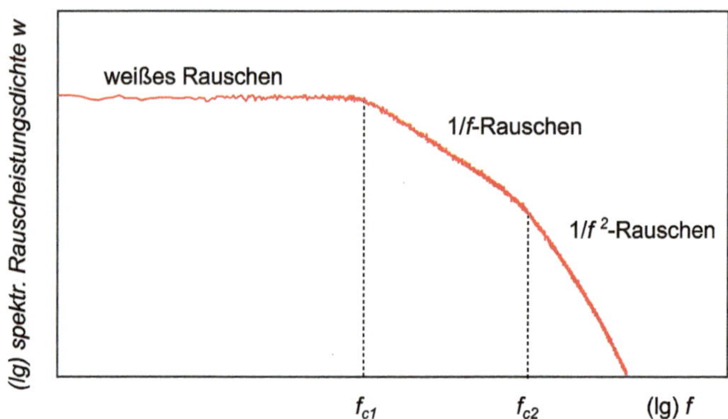

Abb. 2.3 Charakteristisches Spektrum für mehrere Prozesse des Generations- und Rekombinationsrauschen

einer Grenzfrequenz f_c beschnitten wird. Diese wird durch die Zeitkonstante τ_r bestimmt, mit der die Ladungsträgerdichten im Halbleiter durch die Generations- und Rekombinationsprozesse fluktuieren:

$$f_c = \frac{1}{2\pi\,\tau_r}. \tag{2.9}$$

Mitunter laufen mehrere verschiedene Generations- und Rekombinationprozesse gleichzeitig ab. So können die Ladungsträger zwischen Valenz- und Leitungsband wechseln, aber auch zwischen flachen oder tiefen Störstellen und den entsprechenden Bändern. Daher kann das Spektrum auch ausgeprägter strukturiert sein und mehrere Grenzfrequenzen aufweisen, bei denen die spektrale Leistungsdichte abfällt und dabei das charakteristische Verhalten von $1/f$- bzw. $1/f^2$-Rauschen auch bei relativ hohen Frequenzen zeigt. Aus den Grenzfrequenzen lassen sich gemäß Gl. 2.9 die charakteristischen Zeitkonstanten bestimmen und daraus kann man auf die ablaufenden Rauschprozesse schließen.

Funkelrauschen

Das sogenannte *Funkelrauschen* (englisch *flicker noise*) [3] hat seinen Namen durch einen Effekt an Elektronenstrahlröhren erhalten: Glühkathoden leuchten nicht gleichmäßig, sondern sie funkeln mit relativ niedrigen Frequenzen. Der Schwerpunkt des Elektronenstrahls verlagert sich dabei und die Bewegung der Elektronen ist einer Statistik unterworfen. In Halbleitern und Widerständen tauchen analoge

Effekte auf, bei denen der Strom – insbesondere an Grenz- und Oberflächen – nicht gleichmäßig fließt, sondern seine räumliche Ausbreitung stochastisch mit der Zeit ändert [7]. Dabei fällt die spektrale Leistungsdichte bei relativ niedrigen Frequenzen mit $1/f^{\alpha}$ ab, wobei α zwischen 1 und 2 variieren kann. Aufgrund der vielfältigen Ursachen dieser Rauschprozesse wird das Funkelrauschen oft auch allgemein als $1/f$-Rauschen bezeichnet. Der Gebrauch in der Literatur ist diesbezüglich nicht einheitlich.

Es zeigt sich, dass das Funkelrauschen umso stärker ist, je kleiner die elektrischen Strukturen sind, durch die der Strom fließen muss. Insbesondere Inhomogenitäten im Volumen, an Ober- und Grenzflächen, an Korngrenzen und Kontakten beeinflussen den räumlichen Stromfluss, der dadurch folglich entsprechend stark mit der Zeit schwankt. Daher können auch – fertigungsbedingt – Bauelemente des gleichen Typs unterschiedlich starkes Funkelrauschen aufweisen. Auch Alterungsprozesse, die sich durch Strukturänderungen im Material und an den Kontakten bemerkbar machen, sind für eine Zunahme des Funkelrauschens verantwortlich.

Da Grenz- und Oberflächenzustände in Halbleitern nichtstrahlende Rekombinationen fördern, ist das Funkelrauschen nicht immer eindeutig vom Generations- und Rekombinationsrauschen zu trennen. Die Verwandtschaft dieser Prozesse deutet sich über ähnliche Frequenzabhängigkeiten der spektralen Leistungsdichten an.

Phasenrauschen

Die bereits besprochenen statistischen Rauschprozesse führen nicht nur zu Fluktuationen der Amplitude. So schwingen Oszillatoren (Schwingkreise, Schwingquarze, stabilisierte Laser etc.) nicht nur bei einer festen Frequenz mit einer festen Phase. Im Leistungsspektrum zeigt sich daher anstatt einer schmalen Linie mit verschwindend geringer Bandbreite eine mehr oder weniger verbreiterte Bande. Die Breite dieser Banden ist ein Maß für das Fluktuieren der Phase, für das *Phasenrauschen*. Je stärker ein Oszillator gedämpft ist, das heißt, je größer seine Energieverluste sind, desto breiter ist die Bande im Spektrum. Wird die Frequenz als Messgröße verwendet, beispielsweise bei Doppler-Radarverfahren, so begrenzt das Phasenrauschen die Auflösung des Messverfahrens. Zur Charakterisierung dieses Rauschens misst man die spektrale Leistungsdichte in definierten Abständen von der Frequenz des Maximums der Spektrallinie (vgl. Abschn. 6.3) und setzt sich ins Verhältnis zur Leistungsdichte des Maximums. Betrachtet man im Zeitbereich die Fluktuation der Periodenlänge einer Schwingung, so spricht man von *Jitter*.

Quantisierungsrauschen

An dieser Stelle soll noch auf eine Rauschquelle hingewiesen werden, die sich von den bisherigen qualitativ unterscheidet, da ihr Ursprung nicht auf stochastische

Bewegungen von Ladungsträgern zurückzuführen ist. Das sogenannte *Quantisierungsrauschen* entsteht durch die Analog-Digital-Umsetzung. Bei einem b bit-Wandler wird die maximal umzusetzende Spannung (Full-scale-Spannung U_{FS}) in 2^b Intervalle geteilt, sodass sich Spannungsstufen zu

$$\Delta U_Q = \frac{U_{FS}}{2^b} \tag{2.10}$$

ergeben. Mit der Quantisierungseinheit ΔU_Q ist die kleinste auflösbare Spannungsänderung gegeben, die das Messsystem darstellen kann. Wie in Abb. 2.4 anhand einer realen Messung gezeigt, sind stetige Spannungsverläufe nach der Digitalisierung nur noch in diskreten Werten darstellbar. Der nichtkontinuierliche Verlauf erinnert an ein verrauschtes Analogsignal. Bei der akustischen Umsetzung von digitalisierten Signalen ist auch ein Rauschen hörbar, sodass dieser Effekt eben als Quantisierungsrauschen bezeichnet wird. Die Abweichung des digitalen Ist-Wertes von analogen Soll-Wert wird als Quantisierungsabweichung/-fehler ΔU bezeichnet. Für ihn gilt

$$-\frac{\Delta U_Q}{2} < \Delta U \leq +\frac{\Delta U_Q}{2}. \tag{2.11}$$

Der zeitliche Verlauf dieser Abweichungen kann im Idealfall als stationäres, gleichverteiltes, weißes Rauschen betrachtet werden, das unkorreliert zum Eingangssignal

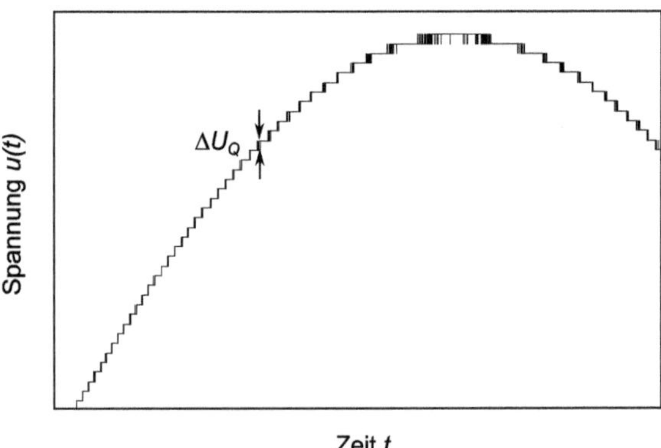

Abb. 2.4 Stufenverlauf eines realen Spannungssignals nach der AD-Umsetzung in einem 8 bit-Oszilloskop (Fullscalespannung 400 mV). Es ergeben sich Quantisierungsstufen von $\Delta U_Q = 400\ \text{mV}/2^8 = 1{,}56\,\text{mV}$. Ein Ausschnitt des Verlaufes wurde so stark gezoomt, bis der Stufenverlauf sichtbar wurde

ist und unter Umständen das Signal stärker verfälscht als das bisher besprochene analoge Rauschen. Für den Effektivwert des Signals kann dann bei sinusförmiger Signalspannung und Vollaussteuerung ($2\hat{u} = U_{FS}$) angesetzt werden [9]

$$u_{sig} \approx \frac{1}{\sqrt{2}} \cdot \frac{1}{2} 2^b \Delta U_Q. \tag{2.12}$$

Für den Effektivwert des Quantisierungsrauschens ergibt sich bei Gleichverteilung

$$u_n = \frac{\Delta U_Q}{\sqrt{12}}. \tag{2.13}$$

Für das SNR folgt daraus

$$SNR/\mathrm{dB} = 20\lg \frac{\frac{1}{\sqrt{2}} \cdot \frac{1}{2} 2^b \Delta U_Q}{\frac{\Delta U_Q}{\sqrt{12}}} = 20\lg \left(\sqrt{\frac{3}{2}} 2^b \right) = 6b + 1{,}76 \tag{2.14}$$

Beispiel 4 Das SNR für verschiedene Digitalisierungsstufen gemäß Gl. 2.14:

Bit-Zahl	Quantisierungsstufen	SNR/dB
8	256	50
10	1024	62
12	4096	74
16	65536	98

Reduziert werden kann des Quantisierungsrauschen durch Überabtastung (siehe Abschn. 7.3). Die Rauschleistung wird dabei auf ein breiteres Frequenzband verteilt und dann digital gefiltert. Außerdem kann zur Reduzierung des Rauschens die sogenannte *Rauschformung* vorgenommen werden: An der Quelle des Quantisierungsrauschens (ADU oder digitaler Filter) wird die Abweichung des Ist- vom Soll-Wert erfasst, invertiert an den Eingang der Quelle zurückgegeben und zum nächsten Abtastwert des Eingangssignals addiert.

Externe Rauschquellen 3

Im folgenden Kapitel werden externe Rauschquellen betrachtet. Neben verschiedenen Arten des Hintergrundrauschens wird insbesondere das Quantenrauschen behandelt, das für optische Messverfahren von Bedeutung ist.

3.1 Hintergrundrauschen

Jede Messung findet in einer Umgebung statt, in der mehr oder weniger viele äußere Einflüsse auf das Messergebnis einwirken. Obwohl es sich dabei streng genommen nicht immer um akustisches, mechanisches oder elektromagnetisches Rauschen handelt, bewirkt die Vielzahl von Störungen unter Umständen, dass breite Spektralbereiche von diesen Störungen dominiert werden. Die dazugehörigen Signale lassen sich demnach oft wie verschiedenartige Rauscharten behandeln. Im Folgenden sollen nur kurz wesentliche Störquellen aufgeführt werden:

- *Akustisches Rauschen und damit verbundene mechanische Vibrationen*: In Laboren sorgen Lüfter an PCs und Messgeräten, Pumpen, Maschinen, Gespräche, Verkehrslärm oder durch Bewegung verursachte Vibrationen im Haus für breitbandige Störungen, die über Sensoren und Messelektronik in den elektrischen NF-Bereich übernommen werden können.
- *Elektro-magnetische Rauschprozesse:* Magnetfelder von Wechselstromleitungen induzieren Störsignale. Zündfunken, Schaltvorgänge bei mechanischen Schaltern oder Leuchtstofflampen und Bürstenfeuer an elektrischen Maschinen emittieren ebenso breitbandig bis in den HF-Bereich elektromagnetische Wellen *(Zivilisationsrauschen, Man-made-noise)* wie Blitze [11].
- *Funksignale* im Radio- und Mikrowellen-Bereich

R. Heilmann, *Rauschen in der Sensorik*,
https://doi.org/10.1007/978-3-658-29214-0_3

- *Galaktisches Rauschen:* Radioquellen im Weltall (Sonne, stabile Sterne, Supernovae, Quasare oder Radiogalaxien) emittieren in Abhängigkeit vom Erzeugungsprozess elektromagnetische Wellen vom Röntgen- bis herunter zum Radiofrequenzbereich.
- *Kosmisches Hintergrundrauschen (3-Kelvin-Strahlung):* Isotrope Strahlung im Mikrowellenbereich, die als (Rest-)Wärmestrahlung des sich ausdehnenden Weltalls interpretiert wird. Wie beim galaktischen Rauschen wird diese Rauschart jedoch nicht nur als Störung angesehen, sondern die Analyse liefert wichtige Informationen zum Aufbau und zur Entwicklung des Weltalls [16].
- *Wärmerauschen* im Infrarotbereich: Gemäß dem Planckschen Strahlungsgesetz strahlt jeder Körper mit endlichen Temperatur eine breitbandige Wärmestrahlung aus, die insbesondere bei Infrarotmessungen als breitbandige Hintergrundstrahlung störend wirkt.
- *Hintergrundlicht* bei optischen Messverfahren soll separat im nächsten Kapitel behandelt werden.

3.2 Quantenrauschen

Licht kann als Strom von Energiequanten, den Photonen, betrachtet werden. Analog zum elektrischen Strom tritt daher auch bei Licht Rauschen auf, das auf die stochastische Emission von Photonen aus Lichtquellen zurückzuführen ist. Während eines Zeitintervalls t_m können so im Mittel $\overline{n}$ Photonen registriert werden. Bei Licht mit einer Wellenlänge λ bzw. mit der Frequenz $\nu = c/\lambda$ (hierbei ist c die Lichtgeschwindigkeit im Vakuum) trägt jedes Photon eine Energie von $E = h\nu$. Die Konstante $h = 6{,}6 \cdot 10^{-34}$Js ist das Plancksche Wirkungsquantum. Für die (Licht-)Frequenz wird hier bewusst das Formelzeichen ν gewählt, um sie von den (viel niedrigeren) elektrischen Frequenzen zu unterscheiden. Daraus ergibt sich ein mittlerer Strahlungsfluss (= optische Leistung) von

$$\overline{\Phi_{ph}} = \overline{n} \cdot \frac{h\nu}{t_m}. \tag{3.1}$$

Die fluktuierende Zahl der Photonen führt demnach in einem Fotodetektor zu einem Rauschen des generierten (Foto-)Stromes. Insbesondere bei niedrigen Photonenzahlen kann dieses Rauschen Auskunft über die Art der Lichtquelle geben. So gehorcht beispielsweise das Licht, das aus einem einmodigen Dauerstrich-Laser stammt, einer *Possion-Verteilung,* während inkohärentes Licht (aus LEDs oder thermisch erzeugt aus Glühlampen) durch eine *Bose-Einstein-Verteilung* beschrieben werden kann. Letztere ist dadurch charakterisiert, dass Photonen oft in „Haufen" auftreten („bunching") und somit in vielen Messintervallen gar keine Photonen registriert werden [15].

Die Bose-Eintein-Verteilung gilt nur für Photonen einer Mode und bei sehr kurzen Messtintervallen. Sind die Messintervalle länger als die Kohärenzzeit τ_r (= charakteristische Zeit für den Ablauf atomarer Prozesse, die das Licht hervorrufen) oder überlagern sich viele Moden, dann lässt sich thermisches Vielmodenlicht ebenfalls mit der Poisson-Verteilung beschreiben. Das gleiche gilt, wenn die Detektorfläche so groß ist, dass innerhalb der Messzeit Photonen registriert werden, zwischen denen keine Korrelation besteht.

Quantenrauschen muss insbesondere bei Messverfahren berücksichtigt werden, die auf Photonenzählung beruhen (z. B. bei Rückstreu-Lidar-Systemen mit Lawinendioden als Detektor). Für große Photonenzahlen pro Messintervall geht die asymmetrische, diskrete Poisson-Verteilung in die bereits bekannte, symmetrische und stetige Gauß-Verteilung über. Es kann gezeigt werden, dass bei der Poisson-Verteilung bei $\overline{n}$ Photonen im Messintervall die Varianz ebenfalls gegeben ist durch diesen Mittelwert [15]

$$\sigma^2 = \overline{n}. \tag{3.2}$$

Fallen also im Durchschnitt 100 Photonen pro Zeitintervall ein, so lässt sich die Unsicherheit dieser Zahl mit 100 ± 10 angeben. Analog zum elektrischen Signal-Rausch-Verhältnis, wo man die Quadrate von Signal- und Rauschstrom ins Verhältnis setzt (vgl. Gl. 1.8), definiert man ein entsprechendes S/N auch für Photonenströme, sodass aus Gl. 3.2

$$\frac{S}{N} = \frac{\bar{n}^2}{\sigma^2} = \overline{n} \tag{3.3}$$

folgt. Vergleicht man unter diesem Aspekt optische Strahlung (Frequenz ~100 THz) mit Radiowellen (~100 MHz), so fallen bei gleicher Leistung gemäß Gl. 3.1 im Hochfrequenzbereich $\sim 10^6$ mal mehr Photonen ein. Entsprechend viel besser wird auch das Signal-Rausch-Verhältnis. Optische Empfänger benötigen daher schon allein wegen des Quantenrauschens eine viel höhere Signalleistung als HF-Empfänger, um das gleiche S/N zu erreichen. Allerdings lässt sich Licht aufgrund der kürzeren Wellenlänge viel besser bündeln und gerichtet abstrahlen, sodass die Empfangsleistung pro Fläche höher ist und dieser Nachteil zum Teil wieder ausgeglichen wird.

Die spektrale Rauschleistungsdichte kann im optischen Frequenzbereich angegeben werden mit [7]

$$w(\nu) = h\nu + \frac{h\nu}{\exp(h\nu/kT) - 1}. \tag{3.4}$$

Für hohe Frequenzen ($h\nu \gg kT$, d. h. Wellenlängen kleiner als 10 µm) ist $w(\nu) \sim \nu$, d. h. insbesondere im nahen Infrarot und beim sichtbaren Licht ist das Quantenrauschen gegebenenfalls nicht zu vernachlässigen. Bei niedrigen Frequenzen (Mikrowellen und Radiowellen) gilt $h\nu \ll kT$, d. h. $\exp(h\nu/kT) \approx 1 + h\nu/kT$. Damit folgt $w(\nu) \approx kT = konst.$ und das Quantenrauschen geht damit (vgl. Gl. 2.6) in weißes, thermisches Rauschen über.

Treffen pro Zeitintervall im Mittel $\overline{n}$ Photonen auf den Detektor, so werden im Mittel $\overline{m}$ Fotoelektronen generiert. Das Verhältnis beider Zahlen

$$\eta = \frac{\overline{m}}{\overline{n}} \tag{3.5}$$

wird Quanteneffizienz genannt und ist charakteristisch für einen Fotodetektor. Der statistische Charakter des Photonenflusses überträgt sich somit auf den generierten Fotostrom, d. h. die Poisson-Verteilung der Photonen widerspiegelt sich im Fotostrom, der damit auch einer Poisson-Verteilung unterworfen ist und folglich Schrotrauschen gemäß Gl. 2.8 zeigt. Da für einen generierten Fotostrom

$$\overline{i_{sig}} = \frac{\overline{m}e}{t_m} \tag{3.6}$$

gilt, ergibt sich für das Signal-Rausch-Verhältnis für einen konstanten Photoneneinfall während der Messzeit t_m, d. h. $i_{sig} = konst.$

$$\frac{S}{N} = \frac{\overline{i_{sig}^2}}{\overline{i_{sh}^2}} = \frac{\overline{i_{sig}^2}}{2e\overline{i_{sig}}\Delta f} = \frac{\overline{i_{sig}}}{2e\Delta f}. \tag{3.7}$$

Betrachten wir eine Messzeit $t_m = 1/(2\Delta f)$, so erhält man mit Gl. 3.6

$$\frac{S}{N} = \overline{m}. \tag{3.8}$$

Dies ist das theoretische, durch die Quantennatur des Lichts vorgegebene Limit, mit dem ein Fotodetektor arbeiten kann. Man spricht in diesem Fall vom *schrotrauschbegrenzten Modus*. Da noch weitere Rauschmechanismen auftreten, ist das Signal-Rausch-Verhältnis jedoch bei realen Fotodetektoren in der Regel kleiner. Darauf wird im folgenden Kapitel näher eingegangen.

Beispiel 1 Bei einem Fotodetektor fließe ein Fotostrom von 1 µA. Daraus resultiert nach Gl. 2.8 ein effektiver Schrotrauschstrom von 0,57 nA und ein Signal-Rausch-Verhältnis von rund 31.200 bzw. 45 dB. Bei einer Messbandbreite von 10 MHz fließen damit innerhalb einer Messzeit von 50 ns 31.200 Elektronen, d. h. $6,24 \cdot 10^{11}$ Elektronen pro Sekunde. Bei einer Quanteneffizienz von 0,5 träfen folglich $1,25 \cdot 10^{12}$ Photonen pro Sekunde auf den Detektor. Bei einem He-Ne-Laser mit einer Emissionswellenlänge von 632 nm entspräche das einer kontinuierlichen Lichtleistung von 0,4 µW.

4 Rauschprozesse in optischen Sensoren

Optische Sensoren werden in vielen messtechnischen Bereichen eingesetzt und sind dabei vielerlei Rauschprozessen ausgesetzt. Außerdem ändern sich optische Größen oft mit sehr hohen Frequenzen bis in den THz-Bereich, sodass große Messbandbreiten erforderlich sind, die ein entsprechend starkes Rauschen bedingen. Deshalb wird optischen Sensoren ein besonderes Kapitel gewidmet.

Die Funktionsweise von Fotowiderständen basiert auf dem inneren lichtelektrischen Effekt: Bei Einstrahlung von Licht, dessen Photonenenergie größer als die Bandlücke des Halbleiters ist, können gebundene Elektronen mit einer Wahrscheinlichkeit gemäß Gl. 3.5 aus dem Valenzband gelöst und in Zustände im Leitungsband gehoben werden, in denen sie sich frei bewegen können. Durch die Erhöhung der Konzentration beweglicher Ladungsträger erhöht sich die Leitfähigkeit des Materials und der Widerstand nimmt ab. Fotodioden funktionieren nach dem gleichen Grundprinzip, jedoch werden die beweglichen Ladungsträger (Elektronen im Leitungsband und die von ihnen hinterlassenen Löcher im Valenzband) in der Raumladungszone des pn-Übergangs getrennt, sodass ein Fotostrom generiert wird.

Die vielfältigen Ursachen von Rauschen in optischen Halbleitersensoren sind schematisch in Abb. 4.1 dargestellt. Diese verschiedenen Rauschquellen werden im Folgenden genauer betrachtet.

Zur Charakterisierung des Rauschens in Fotosensoren sind aus praktischen Gründen zusammenfassende Kenngrößen definiert. So gibt die *rauschäquivalente Leistung (Noise Equivalent Power (NEP))* den Effektivwert des Strahlungsflusses (= optischen Leistung) $\Phi_{e,}$ an, die auf den Fotodetektor fallen muss, um ein Signal zu erzeugen, das gleich dem Effektivwert des Gesamtrauschens ist. Es gilt also

$$NEP = \Phi_e(S/N = 1). \tag{4.1}$$

R. Heilmann, *Rauschen in der Sensorik*,
https://doi.org/10.1007/978-3-658-29214-0_4

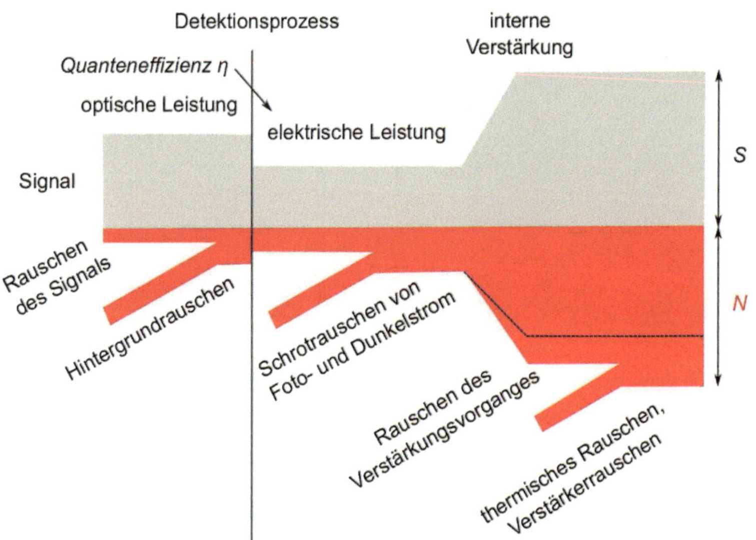

Abb. 4.1 Rauschmechanismen in optischen Halbleitersensoren

Häufig werden modulierte Lichtsignale betrachtet, für deren Leistung man schreiben kann

$$\Phi(t) = \Phi_0 + \hat{\Phi}\sin(\varpi t) = \Phi_0(1 + m\sin(\omega t)). \tag{4.2}$$

Der Faktor m bezeichnet hier den Modulationsgrad. Für $m = 1$ ergibt sich dabei für die rauschäquivalente Leistung

$$NEP = \frac{1}{\sqrt{2}}\hat{\Phi}(S/N = 1, m = 1). \tag{4.3}$$

Als Rauschkenngröße zum Vergleich verschiedener Fotodetektoren wird oft die *Detektivität* D^* angegeben, die den auf die Wurzel aus Detektorfläche A und Bandbreite Δf bezogenen Kehrwert der äquivalenten Rauschleistung darstellt:

$$D^* = \frac{\sqrt{A\Delta f}}{NEP} \text{ (gebräuchliche Einheit: cm}\sqrt{\text{Hz}}\text{W}^{-1}\text{)}. \tag{4.4}$$

Je größer D^*, desto weniger Lichtleistung wird zur Detektion benötigt und desto rauschärmer ist die Diode.

Die auftreffende Lichtleistung erzeugt in der Fotodiode einen proportionalen Fotostrom. Die entsprechende Empfindlichkeit ist definiert als Verhältnis von generiertem Fotostrom und auftreffender Lichtleistung und wird oft mit $\mathfrak{R}$ (von *Responsivity*) bezeichnet:

$$\mathfrak{R} = \frac{i_{ph}}{\Phi} \text{ (gebräuchliche Einheit: AW}^{-1}\text{)}. \tag{4.5}$$

Der Fotostrom ist um die Phase φ gegenüber dem Eingangssignal (Gl. 4.2) verschoben:

$$i_{ph}(t) = i_0 + \hat{i}_{ph} \sin(\varpi t + \varphi). \tag{4.6}$$

Betrachten wir nur den modulierten Anteil als Signal (i_0 wird vom Hintergrundlicht oder vom DC-Anteil des Senders erzeugt), so ergibt sich als Signalstrom

$$i_{sig}(t) = \hat{i}_{ph} \sin(\varpi t + \varphi). \tag{4.7}$$

Mit Gl. 4.5 folgt daraus

$$\overline{i_{sig}(t)^2} = \frac{1}{2}\hat{i}_{ph}^2 = \frac{1}{2}\left(\mathfrak{R}\hat{\Phi}\right)^2. \tag{4.8}$$

Beim Rauschen in Fotodetektoren sind vor allem zwei Prozesse dominant [14, 15]: Der quadratische Mittelwert des Schrotrauschens berechnet sich nach Gl. 2.8

$$\overline{i_{sh}(t)^2} = 2e\left(|i_{sig}| + |i_0| + |i_d|\right)\Delta f, \tag{4.9}$$

wobei der Strom aus der Summe von Signalstrom i_{sig}, Hintergrundstrom i_0 und Dunkelstrom i_d resultiert (siehe Abb. 4.1). Der thermische Rauschstrom ist wegen Gl. 2.3 gegeben durch

$$\overline{i_{th}^2} = \frac{4kT\Delta f}{R}. \tag{4.10}$$

Hier erfasst R die Summe aus Lastwiderstand und äquivalenten Rauschwiderständen der Detektorschaltung. Für das Signal-Rausch-Verhältnis ergibt sich

$$\frac{S}{N} = \frac{\left(\mathfrak{R}\hat{\Phi}\right)^2}{4e\left(i_{sig} + i_{ph0} + i_d\right) + \frac{8kT}{R}} \cdot \frac{1}{\Delta f}. \tag{4.11}$$

In der Sensorik tritt oft der Fall ein, dass das Signal klein gegenüber der Hintergrundstrahlung ist. Sind zudem Dunkelstrom und thermisches Rauschen im Detektor gegenüber dem Hintergrundsignal vernachlässigbar, resultiert daraus

$$\frac{S}{N} = \frac{\left(\Re\hat{\Phi}\right)^2}{4e\left(i_{ph0}\right)} \cdot \frac{1}{\Delta f}. \tag{4.12}$$

Das heißt, *SNR* bzw. *NEP* werden vom Hintergrundrauschen bestimmt. Man nennt diesen Modus daher oft *backround limited.*

In der Detektorschaltung dominiert meist das thermische Rauschen des Lastwiderstandes R_L. In diesem Fall folgt aus Gl. 4.11

$$\frac{S}{N} = \frac{\left(\Re\hat{\Phi}\right)^2 R_L}{8kT} \cdot \frac{1}{\Delta f}. \tag{4.13}$$

Beispiel 1 Bei einem Lastwiderstand von $R_L = 30\,\text{k}\Omega$, einer Diodenempfindlichkeit $\Re$ = 0,80 A/W und einer Messbandbreite von 10 MHz ergibt sich bei einem sinusförmigen Signal aus Gl. 4.13 für die kleinste nachweisbare Lichtleistung (*S/N* = 1) bei thermisch dominiertem Rauschen für T = 300 K

$$\hat{\Phi} = \frac{1}{\Re}\sqrt{\frac{8kT}{R_L}\Delta f} = 4{,}1 \cdot 10^{-9}\text{W}.$$

Für die rauschäquivalente Leistung folgt daraus mit Gl. 4.3 *NEP* = 2,9 nW.

Die Empfindlichkeit von Fotodioden kann durch interne Verstärkung gesteigert werden. Bei den sogenannten Lawinenfotodioden *(Avalanche Photo Diodes – APD)* werden die durch Lichteinstrahlung generierten Ladungsträger durch hohe Betriebsspannungen – und den damit verbundenen starken internen elektrischen Feldern – stark beschleunigt. Die dabei gewonnene kinetische Energie reicht aus, um bei Auftreffen auf Gitteratome im Bereich hoher Dotierung zusätzliche Elektronen auszulösen. Diese werden wiederum beschleunigt und können ihrerseits weitere Elektronen generieren, sodass eine Art Lawine von Ladungsträgern entstehen kann. Der ursprüngliche Fotostrom $i_{ph,0}$ kann so um den *Multiplikationsfaktor M* verstärkt werden und es ergibt sich für den resultierenden Fotostrom

$$i_{ph} = M \cdot i_{ph,0}. \tag{4.14}$$

Es wird allerdings nicht nur der Signalstrom verstärkt, sondern auch das Rauschen. Da zudem Stoßprozesse ebenfalls stochastisch auftreten, entsteht durch die interne Verstärkung noch ein zusätzliches (Lawinen-)Rauschen, der durch den *Zusatzrauschfaktor* $F(M)$ beschrieben wird (siehe Abb. 4.1). Für das mittlere Stromquadrat des Schrotrauschen in Lawinenfotodioden lässt sich daher schreiben

$$\overline{i_{sh}(t)^2} = 2e|i|\Delta f M^2 F. \tag{4.15}$$

Näherungsweise kann für den Zusatzrauschfaktor angesetzt werden [14]

$$F \approx M^x, \tag{4.16}$$

wobei der Exponent x zwischen 0 und 1 liegt. Für Si-APD gilt beispielsweise $x = 0{,}2 - 0{,}5$. Damit ergibt sich aus Gl. 4.11 für das Signal-Rausch-Verhältnis

$$\frac{S}{N} = \frac{\left(\Re\hat{\Phi}\right)^2}{4e\left(i_{sig} + i_{ph0} + i_d\right) M^x + \frac{8kT}{RM^2}} \cdot \frac{1}{\Delta f}. \tag{4.17}$$

Es erweist sich, dass Lawinenfotodioden insbesondere bei niedrigen Photonenzahlen pro Messintervall (das heißt, bei sehr niedrigen optischen Leistungen) ein deutlich besseres Signal-Rausch-Verhältnis erzielen als Fotodioden mit nachgeschaltetem Verstärker. Bei hohen optischen Leistungen sind Fotodioden von Vorteil, wobei zudem der Schaltungsaufwand geringer ist [15].

Bei Bildsensoren äußert sich das Rauschen in den einzelnen Pixeln und macht sich insgesamt als *Bildrauschen* bemerkbar. In Abhängigkeit vom Aufbau des Bildsensors (z. B. CCD, ICCD, EMCCD, CMOS oder APS) und der anschließenden elektronischen Verarbeitung der Signale tritt ein charakteristisches Rauschverhalten auf, das sich jedoch genau wie bei Einzelsensoren mit den in Kap. 7 beschriebenen Methoden reduzieren lässt.

Beispiel 2 Es ist die äquivalente Rauschleistung für folgende Schaltung mit einer InGaAs-APD zu berechnen: Diodenempfindlichkeit $\Re = 0{,}78$ A/W, Verstärkungsfaktor $M = 60$, Verstärkungsexponent $x = 0{,}76$, Lastwiderstand $R_L = 1{,}0\ \text{k}\Omega$, Messbandbreite von $\Delta f = 10$ MHz, Sinus-Signal mit Modulationsgrad $m = 1$. Dunkelstrom- und Hintergrundrauschen seien vernachlässigbar. Mit den Gl. 4.2 und 4.8 ergibt sich aus 4.17

$$\frac{S}{N} = \frac{\left(\Re\hat{\Phi}\right)^2}{4e\left[\Re\left(\frac{\hat{\Phi}}{m}\right)\right]M^x + \frac{8kT}{R_L M^2}} \cdot \frac{1}{\Delta f}.$$

Für $S/N = 1$ folgt

$$\frac{\left(\Re\hat{\Phi}\right)^2}{\Delta f} - 4e\Re M^x\hat{\Phi} - \frac{8kT}{R_L M^2} = 0.$$

Die Lösung dieser quadratischen Gleichung liefert $\hat{\Phi} = 4{,}8 \cdot 10^{-10}$ W und damit $NEP = 3{,}4 \cdot 10^{-10}\,\text{W} = 0{,}34\,\text{nW}$.

Rauschen in Messverstärkern 5

Im vorliegenden Kapitel werden verschiedene Kenngrößen von Messverstärkern behandelt: Rauschzahl, Rauschmaß, Zusatzrauschzahl und Rauschtemperatur.

Um Signale von Sensoren für die weitere Analyse zu konditionieren, müssen in der Regel Verstärker eingesetzt werden. Diese verstärken jedoch nicht nur die Signale, sondern auch das Rauschen. Zudem enthalten Verstärker selbst verschiedene Rauschquellen. Um diese Sachverhalte zu erfassen, kann ein Verstärker als Kettenschaltung zweier Vierpole betrachtet werden [9]: Einem rauschfreien Verstärker (Verstärkungsfaktor g) wird dabei ein Vierpol mit einer Rauschspannungs- und einer Rauschstromquelle vorgeschaltet, die alle Rauschquellen im realen Verstärker zusammenfassend repräsentieren können (siehe Abb. 5.1).

In Datenblättern von Verstärkern sind die Rauschspannungs- und Rauschstromdichten angegeben. Bei Operationsverstärkern sind in der Regel eine Rauschspannungsdichte und zwei Rauschstromdichten (für den invertierenden und den nichtinvertierenden Eingang) zu betrachten.

Zur Charakterisierung von Verstärkern wird die *Rauschzahl F* verwendet. Sie ist definiert als das Verhältnis des Signal-Rausch-Verhältnisses am Eingang (Index i = input) zum Signal-Rausch-Verhältnis am Ausgang (Index o = output) des Verstärkers:

$$F = \frac{S/N_i}{S/N_o}. \tag{5.1}$$

Wir die Rauschzahl in logarithmischer Form angegeben, spricht man vom *Rauschmaß:*

$$F'|_{dB} = 10\lg(F). \tag{5.2}$$

Für rauschfreie Verstärker gilt demnach $F = 1$ bzw. $F' = 0\,\text{dB}$. Betrachtet man die Ströme und Spannungen beim Anschluss eines Sensors an den Verstärker, so besitzt die Abhängigkeit der Rauschzahl vom Innenwiderstand des Sensors ein

R. Heilmann, *Rauschen in der Sensorik*,
https://doi.org/10.1007/978-3-658-29214-0_5

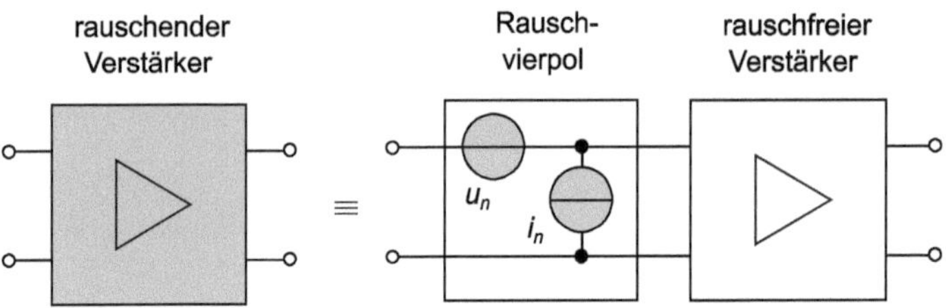

Abb. 5.1 Ersatzschaltbild eines rauschenden Verstärkers

Minimum [11]. Bei diesem Innenwiderstand arbeitet der Verstärker so rauscharm wie möglich. Man spricht dann von *Rauschanpassung*. Wie sich die Rauschzahl bestimmen lässt, wird in Abschn. 6.2 abgehandelt.

Beschreibt P_z die Leistung des im Vierpol entstehendes Zusatzrauschens, so ergibt sich für die Rauschzahl:

$$\begin{aligned} F =& \frac{P_{sig,i}/P_{n,i}}{P_{sig,o}/P_{n,o}} = \frac{P_{sig,i}}{P_{n,i}} \cdot \frac{P_{n,o}}{P_{sig,o}} = \frac{P_{sig,i}}{P_{n,i}} \cdot \frac{\left(gP_{n,i} + P_z\right)}{gP_{sig,i}} \\ =& \frac{gP_{n,i} + P_z}{gP_{n,i}} = 1 + \frac{P_z}{gP_{n,i}} = 1 + F_z. \end{aligned} \tag{5.3}$$

Hierbei bezeichnet man F_z als *Zusatzrauschzahl.* Sie beschreibt das Verhältnis von der im Verstärker entstehenden (Zusatz-)Rauschleistung zur Ausgangsrauschsleistung des rauschlosen Verstärkers. Betrachtet man eine Kettenschaltung von zwei Verstärkern mit den Verstärkungsfaktoren g_1 und g_2, so erhält man für die Gesamtrauschzahl

$$F_{1+2} = \frac{g_1 g_2 P_{n,i} + g_2 P_{z1} + P_{z2}}{g_1 g_2 P_{n,i}} = 1 + \frac{P_{z1}}{g_1 P_{n,i}} + \frac{P_{z2}}{g_1 g_2 P_{n,i}}. \tag{5.4}$$

Hieraus wird ersichtlich, dass die erste Stufe der Kette am stärksten zur Gesamtrauschzahl beiträgt, da deren Rauschen ja im zweiten Verstärker mitverstärkt wird. Man muss folglich die erste Stufe einer Verstärkerkette besonders rauscharm gestalten. Oft wird daher ein „rauscharmer Vorverstärker" (abgekürzt mitunter *LNA – Low Noise Amplifier*) eingesetzt. Diese Erkenntnis lässt sich natürlich auf beliebig viele Verstärkerstufen erweitern.

Anstelle der Rauschzahl lässt sich dem Vierpol auch eine *Rauschtemperatur* T_n zuordnen, die bei Rauschfreiheit 0 K ergibt:

$$T_n = FT_0 - T_0 = (F-1)\,T_0 = F_z Z_0. \qquad (5.5)$$

Hierbei ist $T_0 = 300\,\mathrm{K}$ die Referenztemperatur. Im Ersatzschaltbild kann man sich die Rauschtemperatur entsprechend Abb. 5.2 als die Temperaturdifferenz vorstellen, um die die Temperatur des (rauschenden) Innenwiderstands einer Signalquelle R_s erhöht werden muss, um das Zusatzrauschen des Verstärkers zu erzeugen. Für eine Kettenschaltung von Vierpolen, die ggf. auf verschiedenen Rauschtemperaturen $T_{n1} \ldots T_{nk}$ liegen, ergibt sich die Gesamtrauschtemperatur nach

$$T_{n,ges} = T_{n,1} + \frac{T_{n2}}{g_1} + \frac{T_{n3}}{g_1 g_2} + \frac{T_{nk}}{g_1 g_2 \cdots g_{k-1}}. \qquad (5.6)$$

Auch hier wird offensichtlich, dass die erste Stufe das Rauschen dominiert.

Es sei schließlich noch angemerkt, dass verschiedene Rauschquellen in Ersatzschaltbildern mitunter zusammengefasst als rauschender Widerstand mit einer entsprechenden Rauschtemperatur dargestellt werden. Angesichts der verschiedenen Rauschmechanismen und der damit verbundenen -charakteristika im Zeit- und Frequenzbereich hat diese Vereinfachung natürlich nur eine begrenzte Gültigkeit.

Bei optischen Verstärkern, die auf stimulierter Emission beruhen, z. B. in Erbium dotierten Fasern *(EDFA – Erbium Doped Fiber Amplifier),* läuft die Verstärkung auch nicht ohne zusätzliches Rauschen ab, das im Wesentlichen von der verstärkten spontanen Emission *(ASE – Amplified Spontanous Emission)* stammt. Wie im elektrischen Fall können auch hier Rauschzahl und Rauschmaß definiert werden.

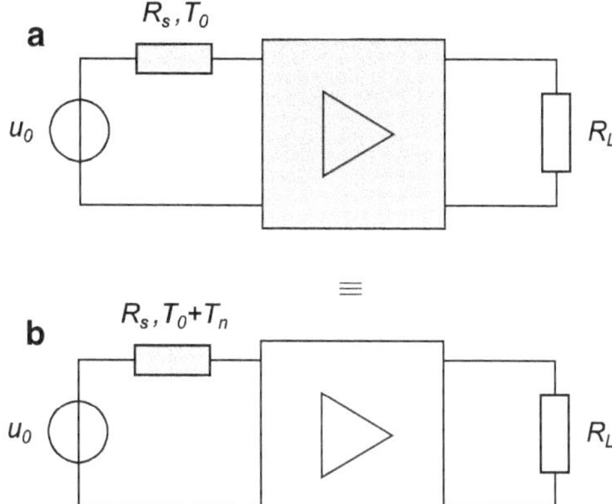

Abb. 5.2 Verdeutlichung der physikalischen Bedeutung der Rauschtemperatur T_n: **a** Rauschender Verstärker mit rauschender Signalquelle, **b** Ersatzschaltbild: rauschloser Verstärker mit Signalquelle, deren Innenwiderstand eine Temperaturerhöhung um T_n erfährt

6 Rauschmesstechnik

Im folgenden Kapitel wird beschrieben, wie sich die Rauschleistungen bzw. -spannungen von Quellen, das Signal-Rausch-Verhältnis von Messungen und die Rauschzahlen von Vierpolen bestimmen lassen.

6.1 Direkte Messung des Rauschens und Korrelationsmesstechnik

Im Zeitbereich können Rauschleistung- und Rauschspannungsmessung direkt mithilfe von Multimetern mit entsprechend hoher Bandbreite erfolgen. Allerdings sind dazu bei kleinen Rauschsignalen Verstärker notwendig, die ebenfalls rauschen. In der in Abb. 6.1a gezeigten direkten Messung wird deshalb das Rauschen des Verstärkers mit erfasst. Wenn dieses nicht vernachlässigbar oder unbekannt ist, kann die Rauschquelle (Device Under Test – DUT) durch einen Rauschgenerator ersetzt werden, an dem die Rauschleistung einstellbar ist (Messanordnung b)). Diese wird dann soweit erhöht, bis das gleiche Signal wie unter a) gemessen wird. Die eingestellte Rauschleistung ist dann gleich der Leistung der zu untersuchenden Rauschquelle. Hierbei muss jedoch die Bandbreite des Messverstärkers so gewählt werden, dass sowohl das Rauschens der Quelle als auch das des Generators als weiß betrachtet werden kann und die Impedanzverhältnisse in beiden Schaltungen gleich sind.

Das Rauschen von Messverstärkern lässt sich jedoch über Korrelation (siehe Abschn. 1.2) eliminieren: Das Rauschen der zu untersuchenden Quelle wird dazu zu zwei gleich aufgebauten (rauscharmen) Verstärkern geführt, von deren beiden Ausgangssignalen u_{n1} und u_{n2} die Korrelationsfunktion berechnet wird (siehe Abb. 6.2). Das unkorrelierte Rauschen der Verstärker mittelt sich bei hinreichend langer Mittelungszeit aus. Das auf zwei Wegen verstärkte Rauschen der Quelle ist jedoch korreliert, sodass das Maximum der Korrelationsfunktion laut Gl. 1.18 ein

R. Heilmann, *Rauschen in der Sensorik*,
https://doi.org/10.1007/978-3-658-29214-0_6

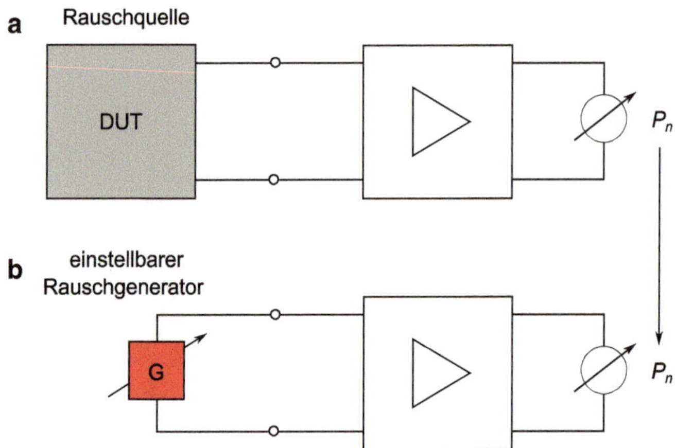

Abb. 6.1 **a** Direkte Messung der Rauschleistung einer Rauschquelle, **b** Ersatz der Rauschquelle durch einen Rauschgenerator

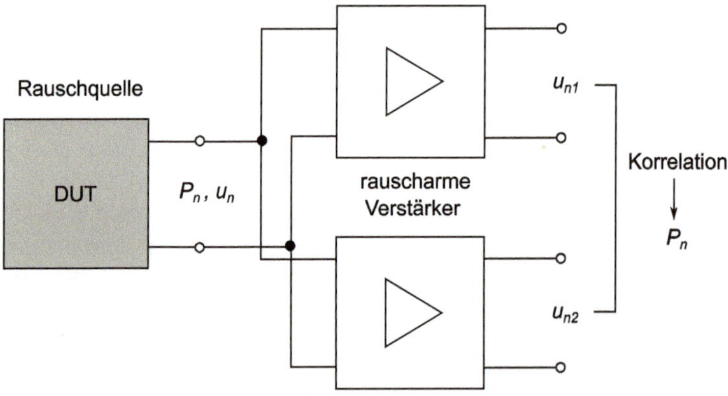

Abb. 6.2 Messung der Rauschleistung einer Rauschquelle über die Korrelation der Ausgangssignale zweier gleich aufgebauter, rauscharmer Verstärker

direktes Maß für die zu messende Rauschleistung ist. Angewandt wird dieses Verfahren beispielsweise in der Rauschthermometrie, bei der das thermisches Rauschen als Maß für die absolute Temperatur für die Grundlagenforschung oder zu Eichzwecken genutzt wird [13]. Wie in Abschn. 1.2 beschrieben, ist die Korrelation außerdem ein Verfahren, um periodische Anteile aus dem verrauschten Signal zu extrahieren.

6.2 Messung der Rauschzahl eines Verstärkers

Die Messung der Rauschzahl erfolgt prinzipiell nach der in Abb. 6.3 dargestellten Methode in zwei Schritten [11]:

1. Der Rauschgenerator ist nicht angeschaltet. Er gibt daher nur die thermische Rauschleistung ab, die der Einfachheit halber in Einheiten von kT_0 angegeben wird. Der Leistungsmesser am Ausgang des Verstärkers misst $P_{n,o1}$.
2. Die Leistung von Rauschgenerator wird solange erhöht bis $P_{n,o2} = 2 \cdot P_{n,o1}$, d. h. dem Vierpol wird so viel Leistung $n \cdot kT_0$ zugeführt, dass die am Generator eingestellte (äquivalente) Rauschleistung ist so groß wie die Leistung eines Signals. Das bedeutet, am Ausgang wird $P_{sig,o}/P_{n,o} = 1$ erreicht.

Für die Rauschzahl bedeutet das entsprechend Gl. 5.1:

$$F = \frac{P_{sig,i}/P_{n,i}}{P_{sig,o}/P_{n,o}} = \frac{P_{sig,i}}{P_{n,i}} = \frac{n \cdot kT_0}{kT_0} = n. \tag{6.1}$$

Die Rauschzahl kann somit direkt am Rauschgenerator abgelesen werden. Die Verhältnisbildung bewirkt zudem, dass die Bandbreite nicht berücksichtigt werden muss, da sie sich heraus kürzt.

Bei kommerziell verfügbaren Rauschmessgeräten erfolgt das Umschalten zwischen zwei Rauschleistungen bzw. äquivalenten Rauschtemperaturen ebenso automatisch wie die Verhältnisbildung des Ausgangssignals und die daraus entsprechende Berechnung und Anzeige von F [9]. Das Verhältnis von zwei eingestellten Ausgangsrauschleistungen $P_{n,o1}$ und $P_{n,o2}$ wird häufig definiert als $Y = P_{n,o2}/P_{n,o1}$. Dieses Verfahren zur Bestimmung der Rauschzahl wird daher als Y-Faktor-Methode bezeichnet. Häufig wird die dabei gemessene Rauschleistungserhö-

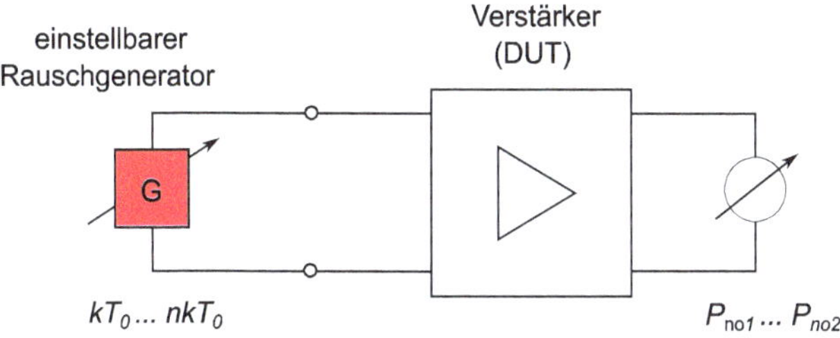

Abb. 6.3 Schematische Darstellung der Rauschzahlmessung eines Vierpols (DUT)

hung (ENR – Excess Noise Ratio) auf die beiden äquivalenten Rauschtemperaturen ($T_{n,0}$ und $T_{n,1} = T_{n,0} + \Delta T$) bezogen und als

$$ENR = 10 \lg \frac{\Delta T}{T_0} \tag{6.2}$$

angegeben. Für die Rauschzahl ergibt sich damit

$$F = ENR - 10 \lg(Y - 1). \tag{6.3}$$

Sensoren haben je nach Aufbau und Funktionsweise sehr unterschiedliche Innenwiderstände und sind folglich diesbezüglich auch nicht standardisiert. Die Eingangsleistung eines Spannungsverstärkers mit praktisch unendlich hohem Innenwiderstand ist zudem kaum sinnvoll definierbar. Daher werden die entsprechenden Messschaltungen oft mit Spannungs- anstatt Leistungsanpassung realisiert. Bei den Rechnungen und Messungen zum Rauschen werden folglich meist nur Stromstärken und Spannungen und nicht die umgesetzten Leistungen bzw. deren Rauschdichten betrachtet. Die Messung des Rauschverhaltens der Verstärker erfolgt aber analog zu der oben geschilderten Methode: Ein Rauschgenerator liefert die Rauschspannungsdichte w_u (in $\mathrm{VHz}^{-1/2}$). Zunächst wird bei ausgeschaltetem Generator die Rauschspannung am Verstärkerausgang gemessen. Nach Einschalten des Generators wird dessen Rauschleistungsdichte soweit vergrößert, bis sich die Ausgangsspannung um den Faktor $\sqrt{2}$ erhöht hat. Dann ist die eingestellte Rauschspannungsdichte am Generator gleich der Eingangsrauschspannungsdichte des Verstärkers.

Als Rauschquellen für Messzwecke ließen sich Widerstände verwenden, die auf verschiedene Temperaturen gebracht werden. Das ist allerdings recht unpraktisch. Meist werden daher in Sperrrichtung betriebene Dioden eingesetzt, deren Schrotrauschen entsprechend verstärkt wird. Einfache Schaltungen dazu finden sich im Internet.

6.3 Messung der Rauschleistung und des *SNR* über Spektralanalyse

Die zu messende Rauschleistung wächst mit der Bandbreite der Messanordnung. Bei Spektrumanalysatoren, bei denen die Signal- und Rauschmessungen über schmale Bandpassfilter erfolgen, liegt damit im Spektrum der „Rauschteppich“ umso höher, je breiter der Analysefilter ist. Da Signale in der Regel schmalbandig sind, hängt ihr gemessener Pegel nur so stark von der Analysebandbreite ab, wie Rauschen noch mit hindurchgelassen wird. Bei Ermittlung des Signal-Rausch-Verhältnisses ist die Signalleistung bei hinreichend schmalem Analysefilter direkt abzulesen. Üblicherweise wird bei Spektrumanalysatoren die angezeigten Leistungen auf 1 mW bezogen und als Leistungspegel in dBm angegeben:

$$P_L = 10 \lg \left(\frac{P}{1\text{mW}} \right) \text{dBm}. \qquad (6.4)$$

Fälschlicherweise wird oft angenommen, das *SNR* ließe sich direkt als Differenz zwischen Signalpegel und Rauschpegel in dB ablesen. Zur Ermittlung der Gesamtrauschleistung ist aber über die Rauschleistungsdichte zu integrieren bzw. bei weißem Rauschen entsprechend Gl. 1.22 der gemessene Rauschpegel mit der Messbandbreite zu multiplizieren. Zusätzlich sind ggf. noch Korrekturfaktoren zu berücksichtigen, die aus der logarithmischen Verstärkung und der Demodulation herrühren [17]. Bei modernen Spektrumanalysatoren können jedoch die *SNR*-Werte direkt über eine Menüfunktion aufgerufen werden.

Komplizierter verhält es sich mit Spektren, die über die FFT berechnet worden sind. Hier spielen noch einige andere Einflussfaktoren eine Rolle, sodass das SNR nicht direkt aus dem Spektrum abgelesen werden kann. Zunächst wird aufgrund des hohen Innenwiderstands von Oszilloskopen oft der Spannungspegel in dBV (Bezugswert 1 V) oder dBu (Bezugswert 0,775 V) angegeben. Zudem variiert die Höhe des Signalpeaks bei Frequenzänderung, obwohl die Originalamplitude konstant bleibt. Dies ist auf den sogenannten Leckeffekt (Leakage) zurückzuführen: Aus dem zu analysierendem Signal werden durch die Fensterung nur N diskrete Messwerte verwendet, um die FFT zu berechnen. Die Abtastzeit und die Signalperiode müssen als Vielfache in die Fensterlänge passen, sonst ergeben sich bei der gedachten Fortsetzung des Signals Sprünge, die im Originalsignal nicht enthalten sind. In der Folge erscheinen im Spektrum zusätzliche Linien bei Frequenzen, die im stetigen Signal nicht enthalten sind. Der Inhalt der Signallinie „läuft quasi in die Nachbarbereiche aus“. (Daher stammt der Name des Effekts.) Die Folge ist eine Verkleinerung und eine Verbreiterung der Spektrallinie, sodass unter Umständen eine genaue Bestimmung der Signal- und Rauschpegel gar nicht mehr möglich ist (siehe Abb. 6.4).

Abhilfe kann mit verschiedenen Fensterfunktionen geschaffen werden [12], die das gefensterte Signal an den Enden hin soweit abschwächen, dass bei einer gedachten Fortsetzung des Signals keine Unstetigkeiten auftreten und der Leckeffekt minimiert wird. Allerdings geht das nur auf Kosten der spektralen Auflösung, da sich die Linien zum Teil stark verbreitern.

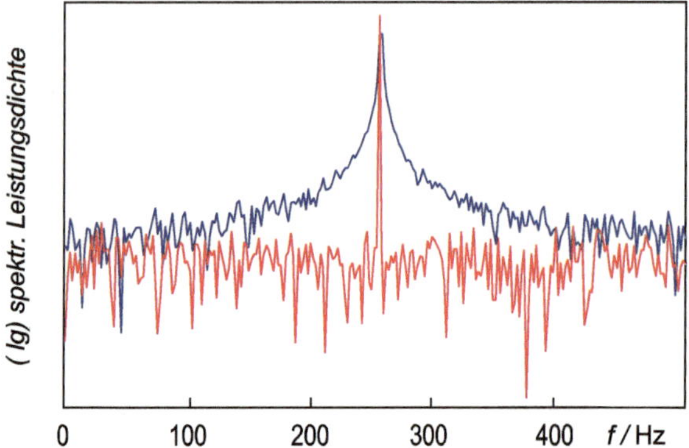

Abb. 6.4 Spektren mit Rechteckfensterung von verrauschten Sinus-Signalen, deren Frequenz sich nur um 1 Hz unterscheidet. Durch den auftretenden Leckeffekt (im blauen Spektrum) reduziert sich die spektrale Leistungsdichte am Maximum und die Spektrallinie verbreitert sich so stark, dass das Rauschen teilweise überdeckt wird. Das *SNR* kann so nicht mehr hinreichend exakt erfasst werden

Bei breitbandigen Signalen und insbesondere beim Rauschen hängt der angezeigte Pegel von der Abtastrate f_a und der Zahl der abgetasteten Werte N ab. Die N diskreten Frequenzwerte der FFT haben einen Abstand von

$$\Delta f = \frac{f_a}{N}. \tag{6.5}$$

In Analogie zum Spektrumanalysator kann dieser Frequenzabstand als Analysebandbreite gesehen werden. Je größer Δf, desto mehr Rauschen wird erfasst und desto höher liegt der Rauschpegel im FFT-Spektrum (siehe Abb. 6.5). Verdoppelt sich die die Zahl der Abtastwerte N so halbiert sich die Bandbreite und damit reduziert sich die erfasste Leistung um 3 dB. Die Änderung des gemessenen Pegels in Abhängigkeit von der Zahl der Abtastwerte ist gegeben durch

$$\Delta P_L = 10 \lg \left(\frac{N}{2} \right). \tag{6.6}$$

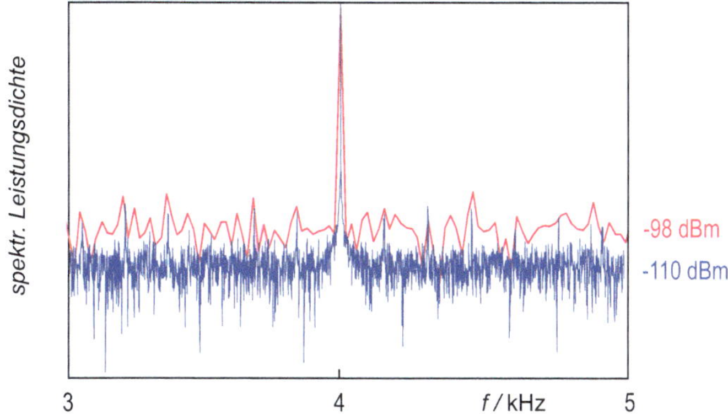

Abb. 6.5 Signal- und Rauschpegel für das gleiche Signal mit N = 512 (rot) und 8192 (blau). Die angezeigten Rauschpegel unterscheiden sich entsprechend Gl. 6.6 um 12 dB

Da man also bei der Bestimmung des *SNR* die Abtastrate, die Zahl der Abtastwerte und die Fensterart berücksichtigen muss, werden bei neueren Oszilloskopen Signal und Rauschen automatisch oder manuell mit einem Cursor erfasst und das dazugehörige *SNR* über einen implementierten Algorithmus berechnet. Sollen diese Daten offline am PC ausgewertet werden, sind entsprechende Korrekturen vorzunehmen, die beispielsweise in [12] genauer beschrieben sind.

7 Reduktion von Rauschen

Im nachfolgenden Kapitel wird gezeigt, wie sich Rauschquellen in elektronischen Schaltungen ausfindig machen lassen und wie deren Einfluss zu reduzieren ist. Es werden analoge Methoden zur Rauschreduktion vorgestellt (Filterung, Lock-in-Verfahren, Boxcar) sowie die digitale Mittelung und Filterung behandelt.

7.1 Identifikation von Rauschquellen in elektronischen Schaltungen

Die Optimierung von Messschaltung bezüglich des Rauschens erfolgt am besten mit einer Software zur Schaltungssimulation. Bevor diese Möglichkeiten etwas genauer dargestellt werden, soll jedoch kurz skizziert werden, wie man in gängigen Messschaltungen auch ohne Software die einzelnen Komponenten des Gesamtrauschens recht genau abschätzen kann. Beispielhaft wird hierzu eine Schaltung eines nichtinvertierenden Spannungsverstärkers (Audioverstärker) diskutiert (siehe Abb. 7.1).

Im Ersatzschaltbild für Operationsverstärker (OP) ist es allgemein üblich, eine Spannungsrauschquelle und zwei Stromrauschquellen anzugeben. Zur Bestimmung des Ausgangsrauschens ist zudem noch das thermische Rauschen der Widerstände (und ggf. das Rauschen aktiver Bauelemente wie Dioden, Transistoren) zu berücksichtigen. Für die hier zu diskutierende Schaltung mit nichtinvertierendem Spannungsverstärker ist die Ausgangsrauschleistung gegeben durch den Gewinn g multipliziert mit der Wurzel aus der quadratischen Summe der am Eingang wirkenden Rauschanteile. Diese sind im Einzelnen:

u_1: Rauschspannung des OPs
u_2: Rauschspannung durch Rauschstrom am (+)-Eingang
u_3: Rauschspannung durch Rauschstrom am (−)-Eingang

R. Heilmann, *Rauschen in der Sensorik*,
https://doi.org/10.1007/978-3-658-29214-0_7

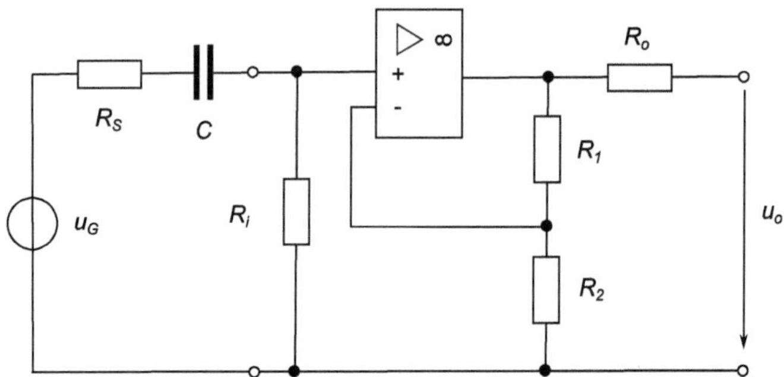

Abb. 7.1 Schaltung eines Audioverstärkers auf Grundlage eines nichtinvertierenden Spannungsverstärkers

u_4: thermische Rauschspannung der Widerstände am (+)-Eingang
u_5: thermische Rauschspannung der Widerstände am (−)-Eingang

Daraus folgt für die Rauschspannung am Ausgang gemäß den Gl. 1.15 und 2.2

$$u_{n,o} = g\sqrt{(w_u \Delta f)^2 + (w_i R_+ \Delta f)^2 + (w_i R_- \Delta f)^2 + 4kT_0 R_+ \Delta f + 4kT_0 R_- \Delta f} \quad (7.1)$$

Der Verstärkungsfaktor g ist bestimmt durch die Widerstände R_1 und R_2:

$$g = 1 + \frac{R_1}{R_2}. \quad (7.2)$$

Die Rauschspannungs- und Rauschstromdichten w_u bzw. w_i sind aus dem Datenblatt des Verstärkers zu entnehmen. Die rauschenden Widerstände R_+ und R_- ergeben sich aus der Parallelschaltung der entsprechenden Widerstände

$$R_+ = \frac{R_s R_i}{R_s + R_i} \text{ und } R_- = \frac{R_1 R_2}{R_1 + R_2}. \quad (7.3)$$

Beispiel 1 Bei einem Audioverstärker wird eine Bandbreite von $\Delta f = 20\,\text{kHz}$ angenommen. Für Operationsverstärker vom Typ TL07x ist im Datenblatt eine Rauschspannungsdichte $w_u = 18\,\text{nVHz}^{-1/2}$ und eine Rauschstromdichte $w_i = 0{,}010\,\text{pAHz}^{-1/2}$ angegeben [18]. Mit den Widerständen $R_s = 10\,\text{k}\Omega$, $R_i = 1{,}0\,\text{M}\Omega$, $R_1 = 1{,}0\,\text{M}\Omega$, $R_2 = 110\,\text{k}\Omega$ ergeben sich nach den Gl. 7.2 und 7.1 ein Verstärkungsfaktor $g = 10$ und für die Ausgangsrauschspannung

$$u_{n,o} = 10 \cdot \sqrt{(2{,}5\,\mu V)^2 + (0{,}014\,\mu V)^2 + (0{,}14\,\mu V)^2 + (1{,}8\,\mu V)^2 + (5{,}7\,\mu V)^2}$$
$$= 65\mu V.$$

Das Rauschen von Widerstand R_o ist mit 1,8 µV wegen der quadratischen Summation mit $u_{n,o}$ für das Gesamtausgangsrauschen vernachlässigbar. Geht man von einem Sensorsignal von 10 mV aus, so erhält man am Ausgang ein Signal-Rausch-Verhlätnis von

$$SNR = 20 \lg \left(\frac{10 \cdot 10\,\text{mV}}{0{,}065\,\text{mV}} \right) \text{dB} = 64\,\text{dB}.$$

Da der Sensor ein thermisch bedingtes Eigenrauschen durch den Innenwiderstand von 1,8 µV hat, ergibt sich bei rauschfreier Verstärkerschaltung ein theoretisch mögliches Signal-Rausch-Verhältnis von

$$SNR = 20 \lg \left(\frac{10\,\text{mV}}{0{,}0018\,\text{mV}} \right) \text{dB} = 75\,\text{dB}.$$

Die vorhandene Verstärkerschaltung liefert also einen Rauschanteil von 11 dB, der sich jedoch noch reduzieren lässt. Betrachtet man die verschiedenen Rauschanteile, so erweist sich das Rauschen des Widerstandes R_1 als stärkste Komponente. Mit $R_1 = 10\,\text{k}\Omega$ und $R_2 = 1,1\,\text{k}\Omega$ erhält man dem gleiche Verstärkungsfaktor g =10, doch die Ausgangsrauschspannung sinkt auf 32 µV. Das ergibt ein *SNR* = 70 dB und damit eine Verbesserung um 6 dB! Eine noch weitere Absenkung der Werte der Rückkoppelwiderstände ist nicht möglich, da dadurch der Verstärkerausgang zu stark belastet würde.

Sind die Schaltungen komplizierter, enthalten sie aktive Bauelemente oder bedarf es einer schnellen, genaueren Analyse, greift man auf Simulationssoftware auf der Grundlage von SPICE zurück, die auch eine Rauschanalyse ermöglicht. Beim den weit verbreiteten, kostenlosen Versionen von OrCAD Capture PSpice, LTSpice oder TINA-TI sind bereits Bauteil-Bibliotheken diverser kommerzieller Anbieter integriert oder können geladen werden. Somit stehen beispielsweise verfügbarer Operationsverstärker auch gleich deren Rauschparameter für die Simulation mit zur Verfügung. Bei der Erstellung des Simulationsprofils ist im AC-Sweep die Rauschanalyse zu aktivieren. Dabei kann nicht nur das Ausgangsrauschen der Schaltung berechnet werden, sondern es lassen sich auch die einzelnen Rauschkomponenten der Bauteile anzeigen. Da man die elektrischen Größen der Schaltungssimulation arithmetisch verknüpfen und anzeigen kann, ist eine Optimierung der Messschaltung bezüglich des Rauschens relativ leicht machbar.

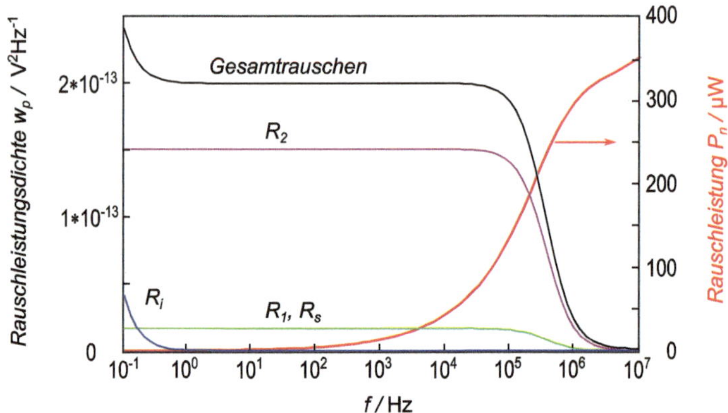

Abb. 7.2 Rauschleistungsdichten von Komponenten der in Abb. 7.1 gezeigten Schaltung (linke Skala) und Ausgangsrauschspannung als Funktion der Bandbreite (rechte Skala)

Beispiel 2 Abb. 7.2 zeigt das Simulationsergebnis mit OrCAD Capture der im vorangegangenen Beispiel diskutierten Schaltung aus Abb. 7.1. Der Widerstand R_2 hat augenscheinlich den größten Anteil am Rauschen. Die berechnete Ausgangsrauschspannung bei einer Bandbreite von 20 kHz stimmt gut mit der Abschätzrechnung überein. Bei Reduktion der Rückkoppelwiderstände bestätigt sich die Reduktion des SNR um 6 dB.

7.2 Analoge Filterung

Die Effektivwerte von Rauschströmen und -spannungen sind direkt proportional zur Wurzel aus der Messbandbreite. Zur Reduktion des Rauschens und damit zur Verbesserung des Signal-Rausch-Verhältnisses ist daher zunächst vor der AD-Umsetzung die Bandbreite durch Analogfilter einzuschränken. Dabei muss berücksichtigt werden, dass das Messsignal selbst nicht verfälscht wird. So können zum Beispiel durch Filter Oberwellen von Rechtecksignalen abgeschnitten werden, sodass deren Flanken entsprechend verschliffen erscheinen.

Lock-in-Verstärkung

Filter sind insbesondere dann schwer einzusetzen, wenn bei DC-Signalen Störsignale im extrem unteren Frequenzbereich auftreten (z. B. Temperaturschwankungen, Änderung des Hintergrundlichtes bei optischen Messungen, $1/f$-Rauschen der Operationsverstärker). Solche und ähnliche Störungen lassen sich effektiv mit der sogenannten Lock-in- oder Modulationstechnik unterdrücken. Dazu wird – siehe Abb. 7.3 – ein Sinus-Signal mit der Kreisfrequenz ω_r mit dem Messsignal $x(t)$ amplitudenmoduliert, AC-gefiltert und -verstärkt und mit einem Referenzsignal gleicher Frequenz und konstanter Amplitude gemischt. Dadurch werden alle Frequenzanteile des Signals zu hohen Frequenzen verschoben und können mit einem Tiefpass so herausgefiltert werden, dass nur das verstärkte, ursprüngliche Signal übrigbleibt.

Die Amplitudenmodulation wird bei Messbrücken durch Verwendung von Wechselstrom realisiert. Bei spektroskopischen Messungen geschieht dies durch periodische Unterbrechung des Strahlengangs durch einen Chopper oder über die Modulation des Betriebsstromes der Strahlungsquelle. Jetzt noch auftretende Störungen $x_D(t)$ werden durch die nullpunktsichere AC-Verstärkung (Verstärkungsfaktor g) herausgefiltert. Die Mischung zweier Signale entspricht einer Multiplikation. Aus einem Additionstheorem ergibt sich dafür

$$\cos(\varpi_1 t) \cdot \cos(\varpi_2 t) = \frac{1}{2}\left[\cos((\varpi_1 - \varpi_2)t) + \cos((\varpi_1 + \varpi_2)t)\right]. \tag{7.4}$$

Es entstehen folglich Signale mit der Summe und der Differenz der entsprechenden Frequenzen. Sind, wie im vorliegenden Fall, die Frequenzen von Nutzsignal und

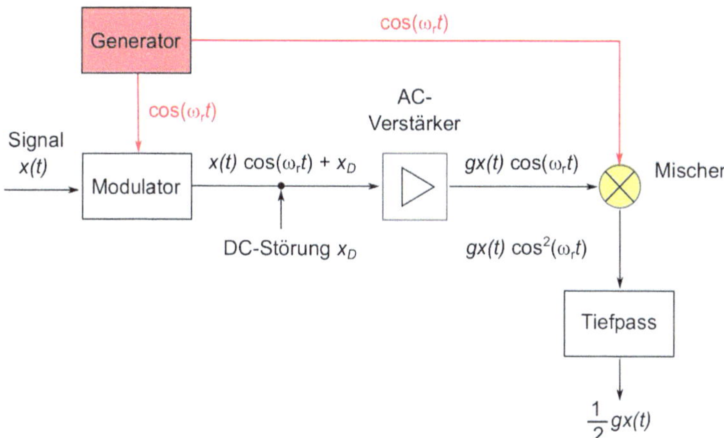

Abb. 7.3 Prinzip des Lock-in-Verstärkers

Referenz gleich (sind sie gewissermaßen einander angeschlossen = lock-in), ergibt sich wegen $\varpi_r - \varpi_r = 0$ eine DC-Komponente, deren Betrag das gewünschte Messsignal repräsentiert. Für den vorliegenden Fall gleicher Frequenzen erhält man also

$$g \cdot x(t) \cdot \cos(\varpi_r t) \cos(\varpi_r t) = \frac{1}{2} g \cdot x(t) \left[1 + \cos(2\omega_r t)\right]. \tag{7.5}$$

Die Komponente mit doppelter Frequenz wird durch den anschließenden Tiefpass weggeschnitten. Wie in Abb. 7.4 beispielhaft verdeutlicht, können folglich bei geschickter Wahl der Grenzfrequenz des Tiefpasses auch alle Störfrequenzen mit $\omega_n \neq \omega_r$ herausgefiltert werden, sodass eine extreme Verbesserung des Signal-Rausch-Verhältnisses erreicht wird. Für ein maximales Ausgangssignal ist es notwendig, die Phasenverschiebung zwischen Signal und Referenz konstant auf null zu halten. Deshalb muss eine Möglichkeit zur Phasenverschiebung der Referenz vorhanden sein.

Ein Lock-in-Verstärker kann auch als Gerät gesehen werden, das die Kreuzkorrelation zwischen Signal und Referenz berechnet, in dem er zwei Signale multipliziert und anschließend über einen Tiefpass integriert (siehe Abschn. 1.2). Die

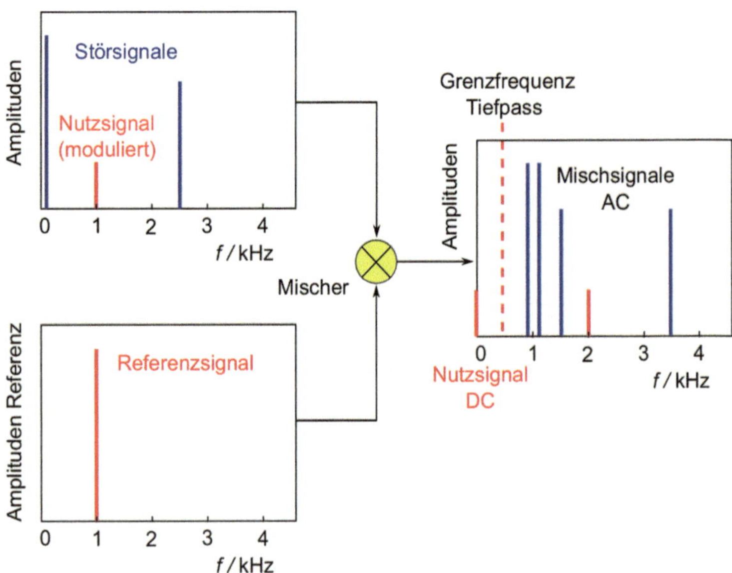

Abb. 7.4 Nutzsignal (rot) und Störkomponenten (blau), die durch das Lock-in-Verfahren eliminiert werden

Kreuzkorrelation für Signale unterschiedlicher Frequenz ist gleich null. Nur für Signale mit gleicher Frequenz und fester Phasenbeziehung ergibt sich ein Wert ungleich null, der das Ausgangssignal darstellt. Die Modulationsfrequenz ist im Bereich mit möglichst geringen Störfrequenzen anzusetzen, d. h. höher als das 50 Hz-Brummen, mechanischer oder akustischer Störungen (und deren Oberwellen) und niedriger als Radiofrequenzen. Liegen Störfrequenzen sehr nahe an der Modulationsfrequenz, ist der Tiefpass entsprechend schmalbandig und mit steiler Flanke auszulegen. Die führt zu entsprechend langen Einschwingzeiten und höherem schaltungstechnischen Aufwand.

Mess- und Referenzsignal können auch rechteckförmig moduliert sein. Dies lässt sich relativ leicht mit mechanischen Choppern und/oder konventionellen elektronischen Bauteilen, z. B. Mikrocontrollern, realisieren. Ein Rechtecksignal setzt sich aus einer unendlichen Summe von Sinussignalen bei der Grundfrequenz und den ungeraden Vielfachen, den Oberwellen, zusammen. Bei der Multiplikation zweier Rechtecksignale mit gleicher Frequenz werden alle Sinuskomponenten der Referenz mit den Komponenten des Signals multipliziert. Dadurch entsteht auch ein DC-Signal, das Anteile von allen Harmonischen des Rechtecksignals enthält. Jedoch werden unerwünschten Signale, die in der Nähe der Oberwellen auftreten, nicht herausgefiltert. Die Störunterdrückung ist damit etwas schlechter als bei Systemen mit Sinus-Modulation.

Moderne Lock-in-Verstärker arbeiten digital. Dabei werden das (analog verstärkte) Signal und das Referenzsignal zunächst analog-digital gewandelt. Anschließend werden die oben beschriebenen Verarbeitungsschritte mithilfe digitaler Signalprozessoren realisiert.

Mittelung und Boxcar-Integration

Bei verrauschten Gleichsignalen kann der gesuchte Wert durch Mehrfachmessung und Bildung des arithmetischen Mittelwertes genauer bestimmt bzw. dessen Unsicherheit reduziert werden. Bei periodischen Signalen kann eine analoge oder digitale Mittelung erfolgen. Das Signal-Rausch-Verhältnis bezüglich Amplituden verbessert sich dabei allgemein bei k Messdurchgängen entsprechend

$$\left(\frac{S}{N}\right)_{A,k} = \frac{u_{sig,1} + u_{sig,2} + \ldots + u_{sig,k}}{\sqrt{u_{n1}^2 + u_{n1}^2 + \ldots + u_{nk}^2}} = \frac{k u_{sig}}{\sqrt{\left(k u_n^2\right)}} = \sqrt{k}\frac{u_{sig}}{u_n}$$
$$= \sqrt{k}\left(\frac{S}{N}\right)_A \tag{7.6}$$

um den Faktor $\sqrt{k}$ gegenüber dem Signal-Rausch-Verhältnis bei einer Einzelmessung.

Ein analoges Verfahren zur Mittelung bietet die sogenannte *Boxcar-Integration,* die entweder in separaten Geräten oder integriert in andere Messsysteme zur rauscharmen Messung eingesetzt wird. Das Prinzip des Verfahrens lässt sich schematisch im Signalverlauf von Abb. 7.5a zeigen: Ein Tiefpass ist mit einem Schalter verknüpft, der nur während eines definierten Zeitfensters (fix, rot markiert) geöffnet bleibt. Der Kondensator kann sich so sukzessive aufladen. Die Signalabschnitte zwischen den Öffnungszeiten des Zeitfensters (das heißt, auch das zwischenzeitlich auftretende Rauschen) werden nicht aufgenommen und sind damit für die weitere Auswertung eliminiert. Bleibt das Zeitfenster innerhalb des periodischen Signals in seiner zeitlichen Position fest, spricht man vom statischen Modus. Dieser kann beispielsweise verwendet werden, um kurze Impulse, Peaks innerhalb eines periodischen Signalverlaufes integrierend aufzunehmen und so aus dem Rauschen zu extrahieren. Mit dieser Methode lässt sich jedoch nicht die Form des Signals rekonstruieren. Das gelingt jedoch im dynamischen oder Recovery-Modus, bei dem ein Zeitfensters (blau, Scan) nach jeweils k Mittelungen schrittweise über das Signal verschoben wird. Das Gesamtsignal lässt sich anschließend aus den gemittelten Messwerten gemäß Gl. 7.6 mit vermindertem Rauschen wieder rekonstruieren (Abb. 7.5b). Ein Nachteil dieser Methode ist, dass das Signal innerhalb der relativ zeitaufwendigen Mittelungs- und Scan-Proszesse unverändert bleiben muss.

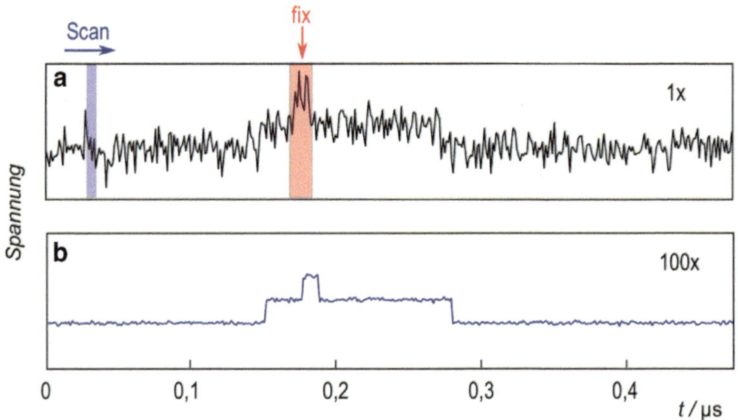

Abb. 7.5 **a** Schematische Darstellung des Boxcar-Prinzips im statischem Modus (Zeitfenster rot, fix) und im Recovery-Modus (Zeitfenster blau, schrittweise Abtastung des Signal bei jeweils k-facher Mittelung), **b** Im Recovery-Modus aufgenommenes, 100-fach gemitteltes Signal

7.3 Digitale Mittelung und Filterung

Die Verarbeitung digitaler Signale erfolgt über digitale Signalprozessoren oder Mikroprozessoren, die in speziellen Messgeräten (wie Speicheroszilloskopen, Spektralanalysatoren, Digitalvoltmetern usw.) oder in PCs eingebaut sind. Die nun schon über Jahrzehnte anhaltende enorme Entwicklung auf diesem Gebiet (Stichwort Mooresches Gesetz) hat auch zu neuen Möglichkeiten zur Messdatenauswertung, insbesondere der Rauschunterdrückung, geführt, von denen im Folgenden die wichtigsten in aller Kürze vorgestellt werden.

Mittelungsverfahren
Bei periodischen Signalen kann man durch die Mittelungsfunktionen an Oszilloskopen das Signal-Rausch-Verhältnis gemäß der Gl. 7.6 im gesamten Zeitfenster verbessern. Dabei erfolgt die Aufsummierung der in Bezug auf die Periode des Signals gleich liegenden Messwerte und Division durch die Anzahl der Messungen. Entsprechende Mittelungsprozeduren können zudem auch im Frequenzbereich durchgeführt werden, um Signal- und Rauschanteile in den Spektren besser zu separieren.

Bei nur einmaliger Aufnahme des Signalverlaufs ist es möglich, mithilfe eines digitalen Tiefpassfilters den gleitenden Mittelwert eines Signals berechnen zu lassen, wobei im ersten Schritt die ersten k aufeinander folgenden Abtastwerte gemittelt werden. In den nächsten Schritten wird die Mittelungsprozedur auf die um jeweils eine Position verschobenen Abtastwerte angewandt.

Hochwertige Oszilloskopen können zudem im sogenannten High-Resolution-Modus arbeiten: Die Abtastung erfolgt mit einer deutlich höheren Abtastrate als für die Rekonstruktion und die Darstellung des Signals benötigt wird. Nach dieser sogenannten *Überabtastung* (= *Oversampling*) findet die Mittelung einer festzulegenden Anzahl von aufeinanderfolgenden Werten des Einzelsignals statt. Dabei wird allerdings die Abtastrate um den entsprechenden Faktor reduziert und gegebenenfalls das Signal verfälscht. Bei Vorgängen, deren charakteristische Zeiten wesentlich größer sind als das Reziproke der effektiven Nyquistfrequenz (= Hälfte der effektiven Abtastrate), kann hierdurch jedoch eine deutliche Reduzierung des Rauschens erzielt werden (siehe Abb. 7.6). Anzumerken ist hierzu, dass keine Mehrfachaufnahmen des Signals erforderlich ist und demzufolge das Rauschen auch bei einmaligen, transienten Signalen reduziert werden kann.

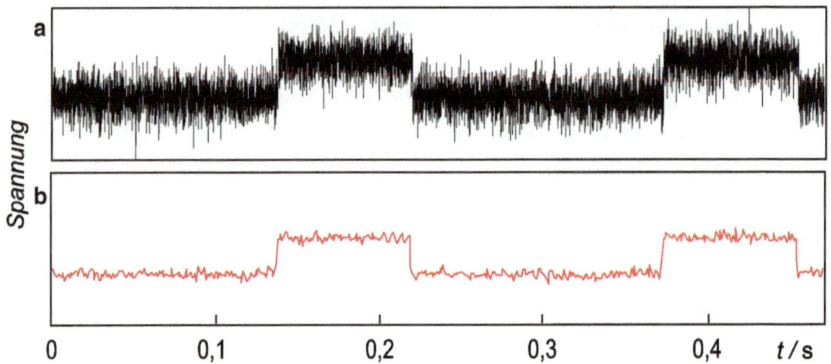

Abb. 7.6 **a** Originalsignal mit Überabtastung aufgenommen (20.000 Samples/s), **b** Rauschreduziertes Signal durch Mittelung von jeweils 16 aufeinanderfolgenden Werten

Digitale Filterung

Nach der A/D-Umsetzung können digitale Filter im Zeitbereich (auch bei Einzelmessungen nichtperiodischer Prozesse) eingesetzt werden. Im Wesentlichen handelt es sich dabei um arithmetische Operationen mit den digitalisierten Werten.

Bezeichnen wir die diskreten Eingangswerte eines digitalen Filters mit x_i und die Ausgangswerte mit y_i, so berechnet sich das arithmetische Mittel aus dem aktuellen Wert und den k vorangegangenen mit

$$y_m = \frac{1}{k+1} \sum_{j=0}^{k} x_{m-j}. \tag{7.7}$$

Hierbei ist jeder Messwert gleich mit $1/(k+1)$ gewichtet. Eine solche einfache Mittelwertbildung hat die Wirkung eines glättenden Tiefpasses. Verallgemeinernd kann für jeden Summanden eine spezielle Wichtung a_j eingeführt werden:

$$y_m = \sum_{j=0}^{k} a_j \cdot x_{m-j}. \tag{7.8}$$

Damit lassen sich die aus der analogen Schaltungstechnik bekannten Filtereigenschaften nachbilden, die sich in der Übertragungsfunktion widerspiegeln. Die Zahl k gibt dabei die Ordnung des Filters an. So wird beispielsweise bei einem Filter 1. Ordnung die Summe aus zwei Messwerte gebildet. Filter nach Gl. 7.8

bezeichnet man als *FIR*(= Finite Impulse Response)-Filter, auf Deutsch: nichtrekursive Filter. Im Unterschied dazu werden über Rückkopplung bei *IIR*(= Infinit Impulse Response)-Filtern (rekursive Filter) auch die Ausgangswerte mit in die Berechnung einbezogen:

$$y_m = \sum_{j=0}^{k} a_j \cdot x_{m-j} - \sum_{j=1}^{n} b_j \cdot y_{m-j}. \tag{7.9}$$

In Abhängigkeit von den gewünschten Filtertypen, Grenzfrequenzen und Übertragungseigenschaften (Steilheiten der Filterkanten, Rippel im Durchlassbereich etc.) sind in der Software zur Datenverarbeitung diverse Standard-Filter verfügbar, auf die an dieser Stelle nicht weiter eingegangen werden soll. Zur Praktischen Anwendung findet man weiterführende Erklärungen zum Beispiel in [12]. Beispielhaft wird in der Abb. 7.7 die Wirkung eines IIR-Butterworth-Tiefpassfilters 1. und 3. Ordnung dargestellt.

Besonders effektiv und trennscharf ist eine Filterung im Frequenzbereich: Das Signal wird fouriertransformiert und anschließend werden die störenden Frequenzanteile im Signalspektrum Null gesetzt. Nach der Rücktransformation in den

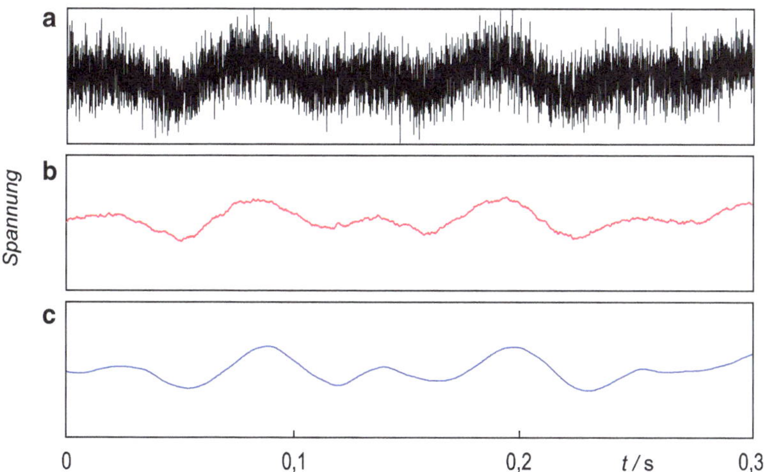

Abb. 7.7 **a** Verrauschtes Originalsignal (Frequenzkomponenten 10 und 18 Hz, Abtastrate 20.000 Samples/s), **b** digital tiefpassgefiltertes Signal (Butterworth-Filter 1. Ordnung, Grenzfrequenz 40 Hz) **c** Butterworth-Filter 3. Ordnung, gleiche Grenzfrequenz

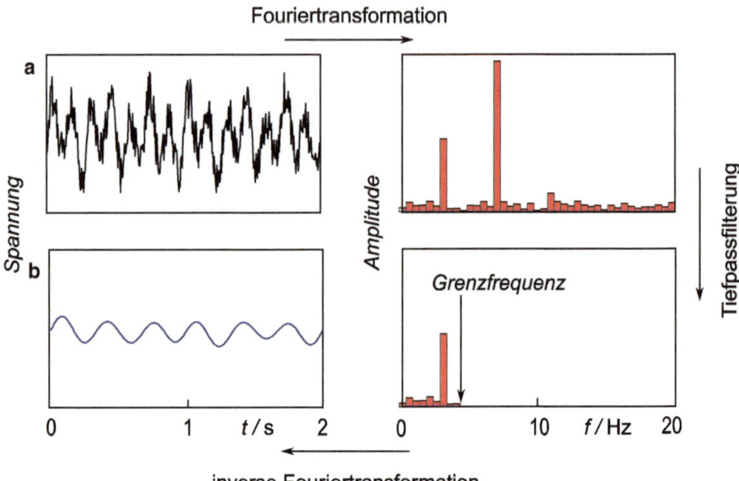

Abb. 7.8 Filterung im Frequenzbereich: **a** Das verrauschte Originalsignal (3 Hz) mit einem Störsignal (7 Hz) und die entsprechende Fouriertransformation, **b** Das Spektrum wird tiefpassgefiltert, indem ab einer Grenzfrequenz von 4 Hz alle Amplituden Null gesetzt werden. Die Rücktransformation zeigt im Wesentlichen das ungestörte Signal

Zeitbereich fehlen folglich diese Störungen. In der Abb. 7.8 ist die Wirkung einer solchen Filterung dargestellt.

Digitale Filterungen haben den Vorteil hoher Trennschärfe. Störungen – breitbandiges Rauschen aber auch Störsignale mit definierten Frequenzen – können so effektiv unterdrückt werden. Der Nachteil ist der erhöhte Rechenaufwand. Mit der Weiterentwicklung der Leistungsfähigkeit von Mikroprozessoren werden jedoch die Möglichkeiten zur Rauschreduktion noch erweitert werden können. Da aber vor der A/D-Wandlung auch immer eine entsprechende Signalkonditionierung nötig sein wird, wird man auch in Zukunft auf die analogen Methoden der Rauschreduktion nicht verzichten können.

Literatur

1. Schottky, W., *Über spontane Stromschwankungen in verschiedenen Elektrizitätsleitern*, Annalen der Physik 362, 541–567, 1918
2. Johnson, J. B., *The Schottky Effect In Low Frequency Circuits,* Phys. Rev. 26, 71–85, 1925
3. Schottky, W., *Small-Shot Effect And Flicker Effect*, Phys. Rev. 28, 74–103, 1926
4. Johnson, J. B., *Thermal Agitation of Electricity in Conductors*, Phys. Rev. 32, 97–109, 1928
5. Nyquist, H., *Thermal Agitation of Electric Charge in Conductors,* Phys. Rev. 32, 110–113, 1928
6. Pfeifer, H., *Elektronisches Rauschen: 1. Rauschquellen,* B. G. Teubner Verlagsgesellschaft, Leipzig 1959
7. Müller, R., *Rauschen*, 2. Auflage, Springer, Berlin 1990
8. Blum, A., *Elektronisches Rauschen*, B. G. Teubner, Stuttgart 1996
9. Lerch, R., *Elektrische Messtechnik*, 7. Auflage Springer, Berlin 2016
10. Stockhausen, N., *Methoden der digitalen Signalverarbeitung*, Wiley-VCH, Weinheim 2017
11. Schymura, H., *Rauschen in der Nachrichtentechnik*, Hüthig & Pflaum Verlag, München, Heidelberg 1978
12. Cerna, A. H. M., *The Fundamentals of FFT-Based Signal Analysis and Measurement*, National Instruments Application Note 041, 2000
13. Qu, J. et al., *Improved electronic measurement of the Boltzmann constant by Johnson noise thermometry*, Metrologia (52) 5, S242–S256, 2015
14. Hering, E. und Martin, R. (Hrsg.), *Photonik. Grundlagen, Technologie und Anwendungen*, Springer, Berlin 2006
15. Saleh, B. E. A. and Teich, M. C., *Fundamentals of Photonics*, Second Ed., John Wiley & Sons, Hoboken 2007
16. Schwarz, D., *Plancks rätselhafter Hintergrund*, Physik Journal (12) 5, 18–19, 2013
17. Schnorrenberg, W., *Spektrumanalyse*, Vogel, Würzburg 1997
18. Datenblatt TL07xx Low-Noise JFET-Input Operational Amplifiers, Texas Instruments: http://www.ti.com/lit/ds/symlink/tl072.pdf (aufgerufen 11.12.2019)

R. Heilmann, *Rauschen in der Sensorik,*
https://doi.org/10.1007/978-3-658-29214-0

Stichwortverzeichnis

R. Heilmann, *Rauschen in der Sensorik*,
https://doi.org/10.1007/978-3-658-29214-0